서른다섯, 다시 화장품 사러 갑니다

일러두기

- 이 책에 등장하는 모든 화학명은 대한화장품협회의 화장품 성분 표시 지침서인 《화장품 성분 사전》의 최신 명칭을 따랐습니다. 단, 부록의 의약품에 사용되는 화학명은 《대한민국약전》의 표기를 따랐습니다.
- 제품 성분표의 성분명은 되도록 최신 명칭으로 바꾸어 표기했습니다. 그래서 일부 제품의 경우 업체가 제시하는 성분표와 다를 수 있습니다.
- 이 책에서 특정 제품의 성분표를 제시하는 것은 추천의 의미가 아니라 성분표 보는 법을 알려주기 위함입니다.

서른다섯, 다시 화장품 사러 갑니다

안티에이징부터 약국 연고까지,
나에게 꼭 맞는 제품을 고르는 기술

글 최지현

프롤로그

쉽고 편한
화장품 쇼핑을 위해

나는 화장품에 대해 설명할 때 가공식품 이야기를 많이 한다. 가공식품은 많은 오해를 받고 있다. 향, 색소, 조미료, 보존제 등 식품첨가물이 위험하다는 주장에서부터 포장, 위생, 환경호르몬, 유전자 변형까지 안전에 대한 논란이 끊이지 않는다.

그러나 사실 식품첨가물은 화학물질 덩어리가 아니다. 대부분 자연에서 유래한 것이고 천연 식재료에도 존재하는 것들이다. 가공식품은 재료의 선별부터 제조 환경, 위생, 포장, 원재료명 표시까지 철저한 규제를 받고 있다. 과학자들이 안전을 검증하지 않은 원료는 절대로 사용할 수 없다. 오직 '식품공전'과 '식품첨가물공전'에 허락된 것만 허락된 양으로 사용해야 한다.

그러므로 가공식품을 구입할 때 성분 하나하나를 의심하고 합성이다, 발암물질이다 따지는 것은 지나친 걱정이다. 세상의 모든 물질은 많이 먹으면 다 발암물질이다. 먹어도 탈이 없는 것만 식품이 될 수 있고 조금이라도 탈이 날 수 있는 것은 양을 제한한다. 《식품에 대한 합리적인 생각법》의 저자이자 식품공학자인 최낙언은 식품에 대해

"맛으로 즐기고 과학으로 이해하자"라고 말한다. 걱정을 내던지고 맛으로 즐기고, 좀더 알고 싶다면 과학으로 이해하면 된다.

나는 화장품에 대해서 똑같은 말을 하고 싶다. 화장품에도 피부를 보호하는 것 외에는 별 효과가 없는 성분들만 사용된다. 조금이라도 그 이상의 효과가 있는 것은 허락된 양으로만 쓰인다. 그러니 우리는 화장품을 그저 즐기면 된다. 화장품은 성분 하나하나를 치밀하게 따져야 할 정도로 예민하게 선택할 물건이 아니다. 자신의 피부에 맞는 점도와 질감을 찾고 원하는 향을 찾아서 선택하면 된다. 그리고 좀더 욕심을 부린다면 피부의 외관을 개선하고 노화를 지연시킬 수 있는 성분들에 대해 공부하여 현명하게 사용하면 된다. 취향으로 즐기고 과학으로 이해하는 것, 그것이 화장품을 대하는 우리의 자세가 되어야 한다.

좋은 화장품을 고르기 위해 필요한 것은 유해 성분 목록도 아니고 전문가의 추천 제품 리스트도 아니다. 화장품의 효과와 한계에 대한 정확한 이해, 자신의 필요와 취향에 대한 분명한 인식만 있으면 충분하다. 성분표 중심의 사고에서 벗어나는 것, 불량 정보와 전문가에 대한 의존에서 벗어나는 것, 그리하여 누구나 쉽고 즐겁게 자신에게 필요한 화장품을 스스로 고를 수 있게 하는 것이 이 책의 궁극적 목표다.

아마 많은 사람이 왜 이 책의 제목이 《서른다섯, 다시 화장품 사러 갑니다》인지 궁금할 것이다. 서른다섯은 너무 적지도 않고 너무 많지도 않은 나이다. 젊은 사람들은 멋진 서른다섯이 되길 꿈꾸고, 나이 든 사람들은 가장 아름다웠던 서른다섯을 그리워한다. 또한 서른다섯은 지금까지의 삶의 방식을 돌아보며 젊고 아름다운 중년을 준비할 좋은 나이다. 곧 서른다섯을 맞이할 모든 사람, 그리고 서른다섯으로 돌아가고 싶은 모든 사람을 위해 이 책을 썼다. 부디 많은 사람이 이 책을 읽고 즐겁고 편안한 마음으로 다시 화장품을 사러 가길 바란다.

2020년 3월

화장품 비평가 최지현

차례

프롤로그

4 쉽고 편한 화장품 쇼핑을 위해

**화장품 고르기가
왜 이렇게 어려워졌을까?**

14 화장품 쇼핑, 노동이 되다

24 나에게 맞는 화장품을 고르는 법

33 성분표의 올바른 활용법

**피부를 돌보는 작은 습관 :
자외선차단제**

38 왜 기대와 실망이 반복될까?

45 대표적인 오해 네 가지

54 자외선차단제를 고르는 7단계

64 성분표를 꼭 보고 싶다면

| 사용감이 좋은 자외선차단제의 성분표

환상에 빠지지 말자 :
안티에이징 제품

- 78 노화 방지, 어디까지 가능할까?
- 80 피부 노화를 막는 세 가지 원리
- 87 대표적인 오해 세 가지
- 92 안티에이징 제품을 고르는 5단계
  - | 좋은 안티에이징 제품의 성분표
- 100 피부 고민별 더 효과적인 성분은 없을까?
  - | 피부 고민별 찾아야 할 성분
  - | 레티놀 부스터의 성분표
  - | 세라마이드 부스터의 성분표
  - | 펩타이드 부스터의 성분표

화사한 표정을 완성하다 :
각질제거제

- 110 각질제거제를 꼭 써야 할까?
- 112 각질을 제거하는 세 가지 방법
- 119 물리적 각질제거제를 고르는 4단계
  - | 좋은 물리적 각질제거제의 성분표
- 123 화학적 각질제거제를 고르는 5단계
  - | 좋은 화학적 각질제거제의 성분표
- 128 각질을 지나치게 제거했다면

자극 없이 깨끗하게 :
클렌저

- 132 너무 복잡하고 어려운 클렌저의 세계
- 137 세안하는 법도 중요하다
- 141 비누를 고르는 방법
  - | 성분을 제대로 밝힌 비누의 성분표
  - | 성분을 제대로 밝히지 않은 비누의 성분표
  - | 클렌징 바의 성분표
  - | 성분을 제대로 밝힌 물비누의 성분표
  - | 성분을 제대로 밝히지 않은 물비누의 성분표
  - | 성분을 제대로 밝힌 지방산 물비누의 성분표
  - | 성분을 제대로 밝히지 않은 지방산 물비누의 성분표
- 161 수용성 클렌저를 고르는 4단계
  - | 순한 지성·여드름 피부용 클렌저의 성분표
  - | 순한 건성·민감성 피부용 클렌저의 성분표
- 172 클렌저 속 논란 성분 총 정리
  - | 소듐라우릴설페이트가 함유된 순한 클렌저의 성분표
  - | 소듐라우레스설페이트가 함유된 순한 클렌저의 성분표
  - | 피이지, 피피지 계열 성분이 함유된 순한 클렌저의 성분표
  - | 티이에이, 디이에이, 엠이에이 계열 성분이 함유된 순한 클렌저의 성분표
  - | 트리클로산이 함유된 순한 클렌저의 성분표
  - | 코카미도프로필베타인이 함유된 순한 클렌저의 성분표
  - | 살리실릭애씨드가 함유된 순한 클렌저의 성분표
- 199 지용성 클렌저의 원리와 용도

200 대표적인 오해 두 가지
　　| 천연 오일이 함유된 좋은 지용성 클렌저의 성분표
　　| 합성 오일이 함유된 좋은 지용성 클렌저의 성분표
　　| 미네랄오일이 함유된 좋은 지용성 클렌저의 성분표

209 지용성 클렌저를 고르는 2단계
　　| 중저가의 지용성 클렌저의 성분표
　　| 고가의 지용성 클렌저의 성분표

218 아이 메이크업 리무버를 고르는 2단계
　　| 향료, 에센스 오일, 향이 강한 식물 추출물이 없는
　　　아이 메이크업 리무버의 성분표
　　| 합리적인 가격의 아이 메이크업 리무버의 성분표

225 클렌징 워터, 미셀라 클렌징 워터를 고르는 3단계
　　| 합리적인 가격의 클렌징 워터, 미셀라 클렌징 워터의
　　　성분표

부록 :
약국 연고 활용하기

235 악건성·초민감성 피부를 위한 연고

240 미백에 도움을 주는 연고

241 주름 개선에 도움을 주는 연고

243 각질 제거에 도움을 주는 연고

245 흉터 회복에 도움을 주는 연고

화장품 고르기가
왜 이렇게
어려워졌을까?

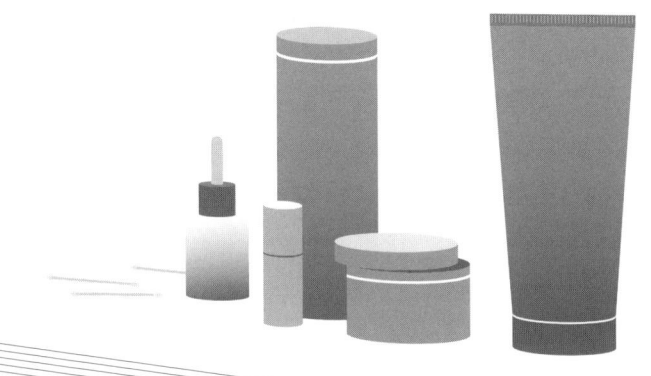

화장품 쇼핑, 노동이 되다

오래전 내가 처음 화장품을 구입하기 시작했을 때는 온라인 쇼핑이나 사용 후기, 전성분표 같은 것이 없었다. 그때 화장품을 고르는 방법은 매우 간단했다. 가까운 화장품 가게에 가서 광고에서 눈여겨본 제품을 달라고 하면 끝이었다. 좀더 까다로운 사람들은 여러 제품을 늘어놓고 향과 질감을 비교하며 골랐다. 브랜드의 국적과 유명세를 중시하고 높은 가격의 제품을 선호하는 사람들도 있었다.

지금의 화장품 쇼핑은 어떨까? 이제 우리에게는 수많은 쇼핑 채널과 차고 넘치는 브랜드가 있다. 솔직한 사용 후기, 그리고 만천하에 공개된 전성분표와 성분 정보가 있다. 추천 제품을 콕 집어주는 전문가들과 유해도 점수를 알려주는 'EWG Environmental Working Group(미국 환경단체)', 그리고 제품별로 유해 성분의 개수를 알려주는 스마트폰 애플리케이션 '화해(화장품을 해석하다)'도 있다.

이처럼 많은 정보가 주어졌으니 당연히 화장품을 선택하기가 더 쉬워졌을 것 같다. 그런데 과연 그럴까? 아니다. 오히려 더 어려워졌다.

소비하지 않고는 살아갈 수 없는 시대에 정보는 소비자가 좋은 선택을 내릴 수 있도록 도와주지만 한편으로는 선택을 방해하기도 한다. 지나치게 많은 양의 정보, 극단으로 치우친 정보, 참과 거짓이 뒤섞인 정보 들이 혼란을 야기하기 때문이다.

특히 화장품 정보는 식품 정보와 마찬가지로 혼란의 극치다. 안전과 위험에 관한 전문가들의 엇갈리는 주장, 출처를 알 수 없는 괴담, 기업의 과장 광고, 미디어의 무분별한 보도 속에서 무엇이 옳은지를 가려내기가 너무나 어렵다.

그 결과, 소비자들은 예전보다 훨씬 더 많은 노력을 기울여 화장품을 고른다. 유해 성분의 목록을 모으고, 앱으로 유해 성분의 개수를 확인하고, 사용 후기를 꼼꼼히 읽고, 전문가의 추천과 평가를 거쳐 어렵게, 어렵게 제품을 고른다. 이제 화장품을 사는 일은 더 이상 단순한 쇼핑이 아니다. 오랜 시간을 쏟아야 하는 노동이며 골치 아픈 문젯거리가 되었다.

과연 이렇게 많은 에너지와 시간을 투자해 고른 제품은 완벽할까? 더 만족스러울까? 그렇지 않다. 화장품은 어떻게 고르건 비슷하다. 즉, 오래전 내가 광고만 보고 동네 화장품 가게에서 간단하게 구한 제품이나, 요즘 소비자들이 성분표를 검토하고 전문가의 조언을 참고해 심혈을 기울여 고른 제품이나, 효과와 안전 면에서 큰 차이가 없다. 화장품 자체가 원래 큰 효과가 없는 안전한 물건이기 때문이다. 어떤 성분이 들어 있건, 성분에서 어떤 차이가 있건, 달라지는 건 점도와 질감, 향 정도일 뿐 효과는 비슷하다. 우리는 별 차이도 없는 제품을 고르기 위해 그 엄청난 에너지를 쏟고 있는 것이다.

성분표로 절대 알 수 없는 것

나는 화장품 분야에서 활동하는 전문가다. 2008년 폴라 비가운의 《나 없이 화장품 사러 가지 마라》를 번역하면서부터 화장품 공부를 시작했다. 단순히 성분 지식을 전달하는 것에서 나아가 화장품을 둘러싼 우리의 과도한 욕망과 기업의 지나친 상술, 정보에 대한 맹목적인 태도를 돌아보자는 의미에서 블로그를 개설하고 화장품 비평가로 활동하기 시작했다.

블로그가 자리 잡으면서 구독자들로부터 많은 질문을 받았다. 그런데 질문의 거의 절반 이상이 좋은 제품을 추천해달라는 요청이거나 특정 제품의 성분을 분석해달라는 요청이었다. 당시 나는 어떻게든 구독자들의 요구에 부응해 블로그를 키우고 싶은 욕망에 사로잡혀 있었다. 또한 제품을 평가하고 좋은 제품을 추천하는 것이 전문가가 마땅히 해야 할 역할이라는 생각도 갖고 있었다.

그래서 구독자들이 원하는 대로 추천 제품을 열심히 찾았다. 또 특정 제품의 성분을 분석해 좋다, 나쁘다를 판단하는 글을 열심히 썼다. 간편하게 확인할 수 있도록 제품에 별점을 매기기도 했다. 가장 좋은 제품은 별 다섯 개, 가장 나쁜 제품은 별 한 개로 표시하는 식이었다.

그런데 1년쯤 지났을 무렵, 이 모든 것이 틀렸음을 깨닫게 해준 사건을 겪었다. 추천할 만한 좋은 제품을 찾던 중 미국의 화장품인 세라비Cerave를 발견하게 되었다. 이 브랜드의 모이스처라이징(보습) 로션과 모이스처라이징 크림은 자극적인 식물 추출물이나 쓸데없는 구색 성분이 전혀 들어 있지 않았다. 세라마이드, 콜레스테롤, 하이알루로닉애씨드 등 피부지질과 동일한 성분들이 성분표상의 위치로 볼 때 충분한 양으로 들어 있었다. 게다가 보기 드물게 무향이어서 추천 제품으로 올리기에 손색이 없었다. 곧바로 두 제품에 최고 점수를 주며 추천하는 기사를 올렸다.

그런데 며칠 뒤 몰랐던 사실을 알게 되었다. 이 제품의 영어 성분표와 한국어 성분표가 달랐던 것이다. 영어 성분표에서 중간에 적혀 있던 세라마이드와 하이알루로닉애씨드가 한국어 성분표에서는 거의 끝부분에 적혀 있었다.

수입사에 문의한 결과 더 놀라운 사실을 알게 되었다.

두 제품의 세라마이드 함량은 총 0.02%, 콜레스테롤은 0.007%, 하이알루로닉애씨드는 불과 0.001%였다. 거의 없는 것과 다름없는 무의미한 양이었다. 최고 점수를 주는 데 결정적 역할을 한 핵심 성분 세 가지가 극히 적은 양으로 들어 있으니 사실상 이 제품은 무향이라는 장점 외에는 특이할 것이 없는 평범한 모이스처라이저였던 것이다.

그제야 깨달았다. 성분표는 화장품을 판단하는 정확한 기준이 될 수 없다는 것을.

그때까지 나는 성분표가 화장품의 모든 비밀을 품고 있는 완벽한 정보라고 생각했다. 어렵지만 성분표를 잘 해독하기만 하면 좋은 화장품을 고를 수 있는 확실한 근거가 될 거라고 믿었다. 하지만 모두 착각이었다. 성분표는 그저 화장품에 들어 있는 모든 성분의 이름을 열거해놓은 재료 목록일 뿐이다. 무엇이 들어 있는지 알려주지만 '얼마나' 들어 있는지는 알려주지 않기 때문에 효과에 대해서 판단할 수 없다.

물론 성분표는 함량이 높은 것부터 낮은 것으로 순서대로 적는다는 원칙이 있다. 그러나 1% 이하로 넣은 성분들은 이 원칙에서 제외된다. 화장품은 1% 이하로 넣는 성분이 전체 원료 수의 60~90%에 이른다. 즉, 처음 한두 줄을 제외한 나머지는 1% 이하인 것이다. 이 말은 처음 한두 줄 외에는 순서에 상관없이 아무렇게나 적을 수 있다는 뜻이다.

또한 나는 성분표가 소비자를 위한 것이라고 생각했지만 이 역시 착각이었다. 성분표는 이미 오래전에 화장품 회사를 위한 마케팅 도구로 변질되었다. 1% 이하로 넣은 성분은 아무 데나 적을 수 있으므로, 화장품 회사들은 소비자가 많이 들어 있다고 생각하길 바라는 성분을 최대한 앞쪽에 적고, 적게 들어 있다고 생각하길 바라는 성분을 최대한 뒤쪽에 적는다. 좋다고 소문난 성분을 티끌만큼 넣은 뒤 성분표의 앞쪽에 적어 굉장히 많이 넣은 것처럼 생색을 내기도 한다. 마이크로그램µg(100만분의 1그램) 단위, 피피엠 ppm(백만분율) 단위의 무의미한 성분들을 잔뜩 넣고 엄청 많은 양이 들어 있는 것처럼 착각을 유도해낼 수 있다.

과연 전문가라고 이런 속임수를 가려낼 수 있을까? 절대로 불가능하다. 실제로 세라비 모이스처라이저는 나뿐만 아니라 폴라 비가운도 만점을 주었고 미국의 또 다른 유명 화장품 화학자인 페리 로마노프스키도 자신의 블로그에서 추천 제품으로 언급하고 있었다. 나는 로마노프스키에게 질문을 남겼다. "세라마이드가 0.02%, 콜레스테롤이 0.007% 들어 있다는데 그래도 써볼 만한가?" 그러자 그가 당황했다. "그렇게 적을 줄은 몰랐다. 한국의 수입업체가 잘못 알고 있는 것은 아닌가?"

성분표는 전문가들까지도 쉽게 속인다. 그런데 어떻게 소비자에게 성분표를 근거로 제품을 추천할 수 있을까? 성분표를 근거로 좋은 화장품과 나쁜 화장품을 구별하는 것은 옳은 일일까? 아니, 도대체 성분표로 알 수 있는 게 있긴 있는 걸까?

독성, 유해성, 위해성의 차이

이후로 나는 더 이상 성분표를 바탕으로 제품을 추천하고 비판하는 일을 계속할 수 없었다. 블로그도 한동안 중단했다. 성분표 중심의 사고에서 벗어나 과학의 관점에서 화장품을 다시 공부할 필요가 있었다.

이때부터 나의 진짜 화장품 공부가 시작되었다. 그때까지의 화장품 공부는 개별 성분 하나하나를 따지며 위험, 안전, 효과 등을 구분하는 것이었다. 하지만 과학의 관점에서 이것은 완전히 잘못된 방식이라는 것을 알게 되었다. 왜냐하면 물질에는 절대적인 위험도, 절대적인 안전도 없기 때문이다. 단지 양에 따라서 위험이 높아지기도 하고 낮아지기도 한다. 효과 역시 마찬가지다.

독성과 유해성, 위해성을 구분하는 것도 중요한 깨달음이었다. 화장품 분야의 많은 전문가가 호르몬 교란, 발암물질, 장기독성, 생식독성을 이유로 특정 성분을 위험하다고 말한다. 그러나 이것은 많은 양을 먹거나 숨으로 들이마시거나 고농도로 피부에 발랐을 때의 독성toxicity에 근거한 것이다. 독성이란 물질별로 생명체에 해를 끼칠 수 있는 최악의 가능성을 평가해놓은 것이다. 화장품은 먹거나 숨으로 들이마시는 것이 아니라 바르는 물건이다. 바르는 양도 적고 고농도로 바르지도 않는다. 조금이라도 피부 자극이 있는 물질은 법을 통해 함량을 제한한다. 화장품의 위험을 평가할 때는 당연히 이러한 노출 방식과 노출량을 고려해야 한다. 독성 자료에서 떼어온 한 줄짜리 정보를 화장품에 그대로 적용하는 것은 매우 비합리적이다. 중요한 것은 해를 끼칠 '확률(위해성risk)'이지 해를 끼칠 수 있는 '능력(유해성hazard)'이 아니다.

무엇보다 화장품 공부에서 가장 중요한 것은 화장품 산업이 굴러가는 시스템을 이해하는 것이다. 사람들은 화장품을 기업이 마음대로 만들어내는 상품이라고 생각한다. 그러나 화장품은 철저히 법의 규제하에 만들어진다. 법을 통해 안전하지 않은 성분은 금지하고, 조금이라도 위험한 성분은 함량을 제한한다. 원료마다 규격을 만들어 순도를 정하고 불순물의 허용 한도를 정해놓았다. 이러한 시스템 덕분에 위험한 화장품은 아예 만들어지지 않는다.

그러니 특정 성분의 독성을 거론하며 위험하다, 피해야 한다고 말하는 전문가들은 독성, 유해성, 위해성의 차이를 모를 뿐만 아니라 화장품의 안전을 위해 존재하는 법적 제도에 대해서도 모르고 있다. 식품의약품안전처(식약처)와 과학자들이 각 성분의 위해성을 얼마나 엄격하게 평가하는지, 법이 얼마나 촘촘하게 규제를 하고 있는지 전혀 모르기에 할 수 있는 말이다.

공부를 거듭할수록 나는 화장품에 대한 의심에서 벗어나 신뢰를 갖게 되었다. 또한 화장품에 대한 기대에서도 벗어났다. 피부를 획기적으로 바꿔줄 화장품, 엄청나게 효과가 좋은 화장품은 만들어지지 않는다. 왜냐하면 효과가 좋으려면 함량이 높아야 하고, 함량이 높아지면 위험도 커지기 때문이다. 화장품은 무엇보다도 안전을 우선으로 하므로, 안전을 위해 함량을 낮춰야 하니 결국 효과도 낮아진다.

그러니 성분표에 적힌 성분 한두 가지로 위험과 안전을 따지고 효과가 좋다, 안 좋다를 판단하려는 노력은 괜한 헛수고다. 화장품에는 그런 위험이 없으며 그런 효과도 없다.

제품별로 우위를 따지려는 노력도 헛수고다. 화장품의 효과는 모든 제품이 비슷한 수준이다. 모두 안전이 최우선

이기 때문에 큰 효과는 없다. 다만 더 좋은 질감, 더 좋은 향으로 더 큰 만족감을 줄 수는 있다. 피부 타입에 따라서, 각자의 취향에 따라서, 어떤 성분이나 제품이 더 좋다고 느낄 수는 있다. 그러나 그것은 절대적이지 않으며 사람에 따라 다르다.

이 같은 깨달음을 통해 나는 흔히 행해지는 성분 정보를 통한 화장품 선별이 매우 잘못된 방식이라는 결론에 도달했다. 성분 정보를 아무리 많이 모아도 그 자체가 잘못된 정보이거나 해석을 잘못하면 잘못된 결과를 낳을 수밖에 없다. EWG 유해도 점수, 스무 가지 주의 성분, 알레르기 유발 성분, 모공을 막는 성분 등등이 모두 그렇다.

전문가들의 성분 분석, 추천 등도 의미가 없다. 전문가는 전지전능한 신이 아니다. 성분표만 보고 유해한 제품과 무해한 제품을 가려내는 것은 화학의 대가, 아니 화학의 신도 할 수 없는 일이다. 더 좋은 제품을 가려내는 것도 절대로 할 수 없다. 성분표 자체가 함량을 알 수 없고 순서도 뒤죽박죽인 불완전한 정보인데 그것으로 무엇을 판단할 수 있겠는가. 독성이 높은 성분이 몇 개 이상 들어 있다는 것으로 합격, 탈락, 착한 제품, 나쁜 제품을 판정하고 별점을 주고 점수를 매기는 것은 과학을 모르기에 할 수 있는 행동이다. 과학을 아는 사람이라면 결코 이런 경솔한 짓을 하지 않는다.

우리의 화장품 쇼핑이 이렇게 골치 아픈 노동이 된 이유는 바로 우리가 이런 의미 없는 것들에 매달리고 있기 때문이다. 성분표, 성분 지식, 전문가에 매달릴수록 화장품 쇼핑은 후회만 늘고, 화장품에 대한 불안만 커진다.

나에게 맞는 화장품을 고르는 법

그렇다면 좋은 화장품을 찾는 방법은 아예 없는 걸까? 성분표도 아니고 성분 지식도 아니고 전문가의 추천도 정확하지 않다면, 어떤 방법으로 좋은 화장품을 찾아야 할까?

없는 효과를 찾아 헤매지 말자

화장품 쇼핑이 늘 실망으로 끝나는 주된 이유는 우리가 화장품을 잘못 이해하고 있기 때문이다. 화장품은 피부를 획기적으로 바꿔줄 수 있는 물건이 아니다. 화장품이 할 수 있는 일은 다음의 딱 네 가지뿐이다.

1. 청결을 유지하도록 돕는다

   예) 폼 클렌저, 샴푸, 바디 클렌저
2. 유수분을 보충해 피부 상태를 편안하게 해준다

   예) 모이스처라이저
3. 환경으로부터 피부를 보호한다

   예) 모이스처라이저, 자외선차단제
4. 용모 개선에 약간의 또는 일시적인 도움을 준다

   예) 모이스처라이저, 각질제거제, 메이크업 제품, 미백·주름 개선 기능성 화장품

이 중에서 특히 우리는 4번을 잘 이해해야 한다. 화장품 중에는 특별한 기능을 내세우는 제품들이 있다. 각질 제거, 미백, 주름 개선, 모공 축소, 다크서클 완화, 미세먼지 차단, 여드름 관리, 아토피 관리, 탈모 완화, 튼살 완화, 셀룰라이트 완화 등이 이에 해당한다. 좀더 들어가면 "피부에 휴식을 준다", "산화 스트레스를 제거해 피부에 생기를 부여한다", "꿀광 피부로 만들어준다", "2주 만에 주름이 48% 개선된다" 등의 주장도 있다. 이런 주장은 늘 그럴 듯한 임상 효과와 매우 고무적인 인터넷 사용 후기, '비포before&애프터after' 사진과 함께 제시되기 때문에 큰 기대를 불러일으킨다. 하지만 사용해보면 어떤가? 그럭저럭 사용할 만하지만

뚜렷한 효과가 있는지는 잘 모를 것이다.

우리는 이것이 화장품을 잘못 골랐기 때문이라고 생각한다. 다른 사람들에겐 효과가 있는 제품이 내 피부에는 잘 안 맞는 것이라고 생각한다. 그리고 다시 또 내 피부를 바꿔줄 좋은 화장품을 찾아 나선다.

화장품 쇼핑이 실패로 끝나는 주된 이유는 우리가 없는 효과를 찾아 헤매기 때문이다. 물론 화장품은 피부의 외관을 약간 개선할 수 있다. 그러나 그 효과는 눈에 띌 정도로 뚜렷하지 않다. 장기적으로 바르면 좋아질 수도 있지만 아주 서서히 조금씩 좋아지기 때문에 체감하기 힘들다. 광고에 제시된 임상 결과처럼 드라마틱한 변화는 현실에서 거의 일어나지 않는다.

따라서 화장품 쇼핑이 실망으로 끝나지 않으려면 화장품의 역할과 한계를 제대로 알고 기대치를 낮춰야 한다. 화장품은 그저 피부를 청결하게 유지하도록 돕고 유수분을 보충해주고 추위와 더위, 자외선으로부터 피부를 보호하는 역할을 할 뿐이다. 그 외에 피부 톤을 개선하고 피부 결을 매끈하게 만들고 노화를 예방하는 효과도 있지만 이것은 그리 크지 않다.

특히 여드름, 지루성피부염, 아토피 등으로 고생하는 사람들은 화장품을 해결책으로 삼아서는 안 된다. 이것은 피부과 치료를 통해 해결해야 할 질환이다. 화장품이 할 수 있는 일은 그저 가장 순한 제품으로 피부를 최대한 편안하게 유지하고 자극을 주지 않는 것이다.

화장품이 내 피부를 획기적으로 바꿔주지 않는다는 사실을 받아들이는 것, 우리의 화장품 쇼핑은 여기서부터 출발해야 한다.

결국 감각과 취향이다

화장품 쇼핑이 실망으로 끝나는 또 다른 이유는 우리가 성분을 따지며 화장품을 선택하지만 사실 마음에 들고 안 들고를 가르는 진짜 기준은 감각과 취향이기 때문이다. 향, 질감, 발랐을 때의 촉감, 바른 뒤 피부에 나타나는 시각적 효과, 제품 용기의 디자인, 브랜드에 느끼는 애착과 신뢰감 등등 우리의 감각을 좌우하는 모든 것이 만족감에 영향을 미친다.

따라서 성분표만 보고 제품을 선택하는 것은 감각과 취향의 중요성을 무시하는 행위다. 예를 들어 많은 전문가가 향료가 피부에 알레르기를 일으킨다는 이유로 주로 무향 제품을 추천한다. 하지만 정작 발라보면 제품 고유의 비릿한 냄새에 불쾌감을 느끼는 사람이 많다. 또 피부에 더 순하다는 이유로 무기자차를 추천하는 전문가들이 많지만 대부분의 사람은 백탁현상이 심하고 뻑뻑해서 불편함을 느낀다. 전문가가 착한 성분만 들어 있다며 추천한 제품이라 해도 향이 불쾌하거나 내가 원하는 사용감이 아니라면 나에겐 착한 제품이 아니다.

화장품을 고를 때 우리는 감각을 적극적으로 활용해야 한다. 코로 향을 맡아보고 점도와 발림성을 체크하고 바른 뒤의 피부 느낌도 알아봐야 한다. 또 화장품은 한번 사면 몇 개월을 써야 하는 물건이므로 디자인이 두고 보기에 좋은지, 용기가 사용하기에 편한지도 체크해야 한다. 이처럼 후각에서 오는 만족감, 촉각적·시각적 만족감을 모두 반영해 제품을 선택해야 한다. 성분을 따지는 것보다도 이것이 훨씬 중요하다.

가격에 담긴 정보를 읽자

그다음으로 중요한 기준은 가격이다. 나는 가격이야말로 화장품의 핵심 정보라고 생각한다. 가격은 그 제품으로부터 무엇을, 얼마만큼 기대할 수 있는지를 알려준다. 가격이 높을수록 대체로 더 많은 것을 기대할 수 있다.

사실 화장품의 기본 기능을 충족하는 데 가격은 큰 상관이 없다. 어떤 제품을 발라도 아무것도 안 바른 것보다 피부를 더 촉촉하고 매끄럽게 만들어준다. 화장품에 큰 기대가 없다면, 그리고 향, 질감 등에 대한 감각과 취향이 예민하지 않다면, 저렴한 제품을 선택해도 아무 문제가 없다.

그러나 우리가 화장품으로부터 원하는 것은 그 이상이다. 좋은 성분이 더 많이 들어 있어 피부를 개선해주길 바라며 더 호사스러운 향과 질감으로 나의 감각을 만족시켜주길 바란다. 바른 뒤에 피부가 더 반짝이고 팽팽해 보이길 원한다. 포장이 심플하거나 재미있거나 고급스럽길 바란다. 구입할 때 쾌적한 공간에서 판매원으로부터 충분한 설명을 듣고 극진한 손님 대우를 받길 바라는 사람들도 있다. 이렇게 바라는 것이 많아질수록 우리는 더 높은 가격을 지불해야 한다.

따라서 우리가 화장품을 쇼핑할 때 가장 먼저 해야 할 일은 자신이 원하는 기대의 수준에 따라 가격의 범위를 정하는 것이다. 세안 후 피부를 부드럽게 적셔줄 기본적인 토너가 필요하다면 1~2만 원이면 충분하다. 그러나 항산화 성분과 진정 성분이 좀더 확실하게 들어간 제품을 원한다면 2~3만 원대를 골라야 한다. 4~5만 원대라면 토너에 들어가기 힘든 기능성 성분, 아미노산, 펩타이드, 각종 비타민, 레스베라트롤, 유비퀴논, 이데베논 등이 들어 있을 것이다. 만약 10만 원 이상을 쓸 용의가 있다면 백화점에 가서 판매원의 대접을 받으며 우아하게 쇼핑을 즐길 수 있다.

물론 토너 한 병에 10만 원 이상을 쓰는 것은 합리적인 선택은 아니다. 토너는 90% 이상이 물이어서 좋은 성분이 들어가 봤자 얼마 들어가지도 못하기 때문이다. 오직 합리적인 선택에 초점을 맞춘다면 좋은 성분을 아낌없이 쓰면서 쓸데없는 성분을 배제하고 광고, 홍보, 유통 등에 큰돈을 쓰지 않는 중가 브랜드가 가장 좋을 것이다.

유기농 화장품, 한방 화장품, 줄기세포 화장품 등을 선택하는 것도 합리적이지는 않다. 이런 화장품은 원료비가 비싸기 때문에 높은 가격을 치러야 하지만 효과도 그에 비례해 높아지는 것은 아니기 때문이다.

그러나 합리적인 선택만이 쇼핑의 정답은 아니다. 쇼핑은 물건의 가치를 사는 것이기도 하지만 심리적, 정서적 만족을 사는 것이기도 하다. 제품을 비교하고 고르는 모든 과정이 만족스러울 때 제품에 대한 만족감도 높아진다. 브랜드의 명성, 또는 그 브랜드가 상징하는 사회적 의미가 누군가에게는 매우 중요할 수 있다. 또 동물실험을 하지 않고 환경보호에 동참하는 브랜드, 화학성분 사용을 최대한 자제하는 브랜드에 높은 점수를 주고 기꺼이 더 높은 가격을 지불하려는 사람들도 있다. 이처럼 가격을 결정하는 것은 화장품에 대한 기대부터 쇼핑의 과정, 내가 소유하게 될 브랜드의 가치까지 많은 것을 결정하는 행위다. 자신의 취향에 따라, 가치관에 따라, 그리고 경제적 능력에 따라 선택하는 것이 정답이다.

광고도 쓸모가 있다

우리가 화장품을 쇼핑할 때 그다음으로 참고해야 할 것은 광고다. 광고는 제조사나 판매사가 제품의 기본적인 성격과 내세울 만한 장점을 보기 좋게 정리해놓은 정보다. 누구를 대상으로 개발한 제품인지, 지성 피부용인지 건성 피부용인지, 어떤 질감과 점도를 가졌는지, 성분의 어떤 효과에 초점을 맞췄는지 등등의 기본 정보를 알 수 있다.

물론 별것도 아닌 성분을 대단한 것처럼 띄운다거나 효과를 과장하는 일이 비일비재하다. 하지만 화장품 광고는 화장품법의 '화장품 표시·광고 관리 가이드라인'의 규제를 받기 때문에 표현 하나하나가 법으로 정해져 있다. 그래서 예전처럼 심한 과장 광고는 아예 할 수 없다. 약간의 과장된 표현을 걸러내는 방법만 터득하면 광고야말로 제품에 대해 많은 것을 알 수 있는 훌륭한 정보다.

사용 후기를 통계로 활용하자

또 한 가지 참고할 수 있는 것은 소비자가 직접 올린 사용 후기다. 사실 사용 후기는 개인이 자신의 감각과 취향을 통해 느낀 체험담이기 때문에 객관적 정보라고 볼 수는 없다. 누군가가 향이 마음에 안 든다는 의견을 올렸다고 해서 정말로 그 제품의 향이 나쁘다고 단정할 수는 없다. 트러블이 났다는 불평도 일반화하기 어렵다. 트러블은 제품이 직접적 원인이 되었을 수도 있지만 피부 자체가 지나치게 예민하거나 알레르기 같은 피부 고유의 문제가 원인일 확률이 더 높기 때문이다.

그러나 사용 후기가 쌓여서 데이터가 된다면 통계적으로 활용할 여지가 생긴다. 상당히 많은 사람이 향에 대해 불평을 한다면 일반적으로 받아들이기에 유쾌한 향이 아니라고 판단할 수 있다. 또 많은 사람이 질감이 너무 찐득하다, 사용 후에 피부가 너무 번들거린다 등의 불평을 한다면 그런 단점이 꽤 있다고 볼 수 있다. 이렇게 사용 후기를 참고해 피할 수 있는 제품을 피하고, 원하는 제품을 찾을 수 있다.

감각, 취향, 가치관, 가격, 그리고 광고와 사용 후기까지, 화장품을 고를 때는 이 모든 것을 동원해야 한다. 이것이 성분표로 고르는 것보다 훨씬 더 큰 만족을 줄 것이다. 전문가가 추천한 제품을 무턱대고 쓰는 것보다 성공 확률도 훨씬 높을 것이다.

성분표의 올바른 활용법

그렇다면 성분표는 정말 볼 필요가 없는 걸까? 내 생각은 보고 싶으면 보고, 보기 싫으면 보지 말라는 것이다.

이미 수차례 강조했듯이, 성분표로는 함량도 알 수 없고 사용감도 알 수 없고 제품별 차이도 알 수 없다. 어떤 제품이 더 위험한지, 어떤 제품이 더 좋고 나쁜지도 알 수 없다. 그러니 안 봐도 그만이다.

그래도 굳이 보고 싶다면 제대로 봐야 한다.

첫째, 성분표는 나쁜 성분을 걸러내기 위해 보는 것이 아니라 핵심 성분의 구성을 확인하기 위해 봐야 한다. 화장품에 나쁜 성분은 들어가지 않는다. 암을 일으키고 호르몬을 교란하는 물질은 들어가지 않으며 설사 들어가더라도 양이 매우 적어서 그런 무시무시한 영향력은 없다. 그러니 나쁜 성분을 걸러내려고 성분표를 들여다보는 것은 매우 부질없고 무의미한 노력이다. 그보다는 그 제품이 내세우는 핵심 성분이 무엇이고 함께 배합된 항산화 성분, 진정 성분이 무엇인지 확인하는 용도로 성분표를 사용해야 한다. 내가 발라보고 싶은 성분을 찾는 것이야말로 성분표를 보는 주된 이유가 되어야 한다.

둘째, 성분표는 브랜드의 성격과 제품의 가격을 염두에 두고 탄력적으로 해석해야 한다. 화장품에는 수많은 종류가 있다. 가격에 따라 저가, 중가, 고가, 초고가가 있고 성별, 연령별 제품도 있다. 유아 및 가족용 브랜드, 민감성 피부 전용 브랜드, 천연·유기농 브랜드도 있다. 브랜드의 종류와 성격에 따라서, 어떤 대상을 목표로 하느냐에 따라서 가격이 달라지고 성분 구성이 달라진다. 따라서 성분을 따지는 하나의 기준을 정해놓고 그 기준을 모든 브랜드에 적용하는 것은 옳지 않다. 가족용 제품을 따지는 기준과 민감성 전용 제품을 따지는 기준은 엄연히 달라야 한다. 안티에이징 제품을 판단하는 기준과 저가의 보습 크림을 판단하는 기준도 엄연히 달라야 한다.

또한 성분표가 비슷하다고 해서 1만 원대 로드샵 브랜드의 제품과 4~5만 원대의 안티에이징 제품을 똑같다고 봐서는 안 된다. 같은 성분이 적혀 있다고 해서 같은 양이 들어 있는 것은 아니며, 효과의 수준이 같은 것도 아니다. '저렴이' 제품으로 '고렴이' 제품을 대체할 수 있다는 사고는 많은 오해를 낳을 수 있다.

셋째, 성분표를 올바로 읽으려면 좋은 효과를 내는 성분을 위주로 공부를 많이 해야 한다. 주름, 탄력에 관여하는 성분, 미백에 관여하는 성분, 항산화 성분, 진정 성분, 각질 제거 성분, 자외선 차단 성분, 보습 성분, 순한 클렌징 효과가 있는 성분 등등 이런 성분들에 대해 알고 있으면 원하는 제품을 찾는 일이 쉬워진다. 단순히 무슨 성분이 어떤 효과가 있다는 식의 단편적 정보를 모으는 것은 의미가 없다. 그 성분이 어떤 원리로 효과를 내고 화장품에 주로 쓰이는 함량은 얼마이며 효과의 한계는 어디까지인지 알아야 한다. 그래야 필요 이상의 기대를 하지 않는다.

넷째, 성분표를 제대로 읽으려면 시중의 불량 정보에 대해서도 공부를 많이 해야 한다. 암을 일으킨다, 호르몬을 교란한다, 알레르기를 일으킨다, 피부 호흡을 막는다 등등 과학적 근거도 없고 괴담에 가까운 불량 정보는 화장품과 성분표에 대한 우리의 올바른 시각을 방해한다. 성분표를 정확히 읽으려면 이러한 불량 정보에 대해 바로 알고 확실한 주관을 세워야 한다.

다섯째, 성분표는 어디까지나 참고 자료다. 읽고 싶으면 읽되 여기에 얽매여서는 안 된다. 필요한 정보를 파악하되 그 이상으로 의존하지 말자. 오히려 향, 점도, 질감, 사용감, 바른 뒤의 피부 느낌 등에 더 무게를 둬야 한다.

성분표의 굴레에서 벗어나면 우리는 훨씬 더 넓은 선택의 자유를 누릴 수 있다. 화장품은 안전하다는 믿음을 갖고 편안한 마음으로 화장품을 대하길 바란다.

피부를 돌보는
작은 습관 :
자외선차단제

왜 기대와 실망이 반복될까?

화장품 중에서도 자외선차단제를 고르는 일은 매우 어렵다. 성분에 대한 무시무시한 정보가 많을 뿐만 아니라 그 정보를 다 반영해 고르고 고른 제품도 발라보면 사용감이 마음에 안 들기 때문이다. 뻑뻑해서 잘 발리지 않고, 하얀 막이 생기고, 바르고 나면 피부가 갑갑하고, 눈이 몹시 시린 경우도 있다. 그래서 사람들은 어렵게 고른 자외선차단제에 늘 실망한다. 그리고 계속 더 좋은 제품을 찾아 헤맨다.

전문가가 추천해주는 제품도 마찬가지다. 전문가가 추천할 정도면 당연히 좋은 성분으로만 만들어진 최고의 제품일 텐데 그것 역시 뻑뻑하고 하얗고 갑갑하다.

왜 이런 기대와 실망이 반복되는 것일까? 이것을 이해하기 위해서는 우선 자외선 차단 성분의 원리와 특성부터 알아야 한다.

그 유명한 '무기'와 '유기'

자외선을 차단하는 성분에는 무기inorganic와 유기organic, 두 종류가 있다. 화학에서 무기와 유기란 분자 안에 탄소C 원자가 있는지 없는지에 따른 기술적 구분이다. 즉, 탄소가 없으면 무기화합물, 있으면 유기화합물로 구분한다. 보통 무기물은 분자가 안정적이어서 변화가 없다. 반대로 유기물은 빛, 열 등에 쉽게 반응한다.

무기성분은 자연계에 존재하는 광물질이다. 유기성분은 공장에서 합성을 통해 만들어낸다. 그래서 무기성분은 천연 성분으로 간주되고, 유기성분은 합성 성분으로 간주된다. 그러나 실제로는 유기성분의 상당수도 자연계에 존재한다. 그리고 무기성분도 공장에서 여러 단계의 화학 공정을 거쳐 생산해낸다.

무기성분은 입자의 크기와 모양, 배열을 통해 자외선을 차단하기 때문에 '물리적 자외선차단제'라고 한다. 유기성분은 분자의 화학적 변화를 통해 자외선을 차단하기 때문에 '화학적 자외선차단제'라고 한다.

많은 전문가가 무기는 자외선을 반사하고, 유기는 자외선을 흡수한다고 단순화해 설명하는데 이는 틀린 말이다. 실제로는 무기도 반사보다 흡수를 더 많이 한다. 보통 자외선의 5~20%는 반사하고 나머지는 모두 흡수한다.

무기성분이 자외선을 흡수하는 원리는 이렇다. 무기성분인 티타늄디옥사이드와 징크옥사이드는 에너지 띠band를 갖고 있는 부도체다. 이 에너지 띠의 아래에는 높은 에너지를 가진 전자가 가득 차서 고정되어 있고, 위에는 낮은 에너지를 가진 전자가 자유롭게 이동하고 있다. 그리고 그 사이에 전자가 전혀 없는 빈 공간이 있다. 이 공간을 밴드 갭band gap이라고 부른다. 자외선을 받으면 아래쪽의 전자들이 빛에너지를 흡수해 '들뜬상태excited state'가 된다. 이렇게 들뜬상태의 전자는 밴드 갭을 넘어 위쪽의 공간으로 이동한다. 그곳에서 다른 전자와 결합하면서 들뜬상태가 가라앉아 원래의 '바닥상태ground state'로 내려온다. 이 과정에서 흡수했던 빛에너지를 열에너지로 전환해 방출한다.

유기성분도 화학적 변화라는 것이 다를 뿐 자외선을 차단하는 원리는 같다. 유기성분의 분자는 빛에 매우 예민하게 반응한다. 자외선을 받아 빛에너지를 흡수하면 분자 결합의 일부가 바뀌면서 들뜬상태가 된다. 이 들뜬상태의 빛에너지는 확장, 꺾기, 진동 등을 하며 열에너지로 바뀌어 방출된다. 그 뒤 바닥상태로 돌아가 원래의 분자 결합을 회복한다.

무기성분의 자외선 차단 원리(에너지 띠)

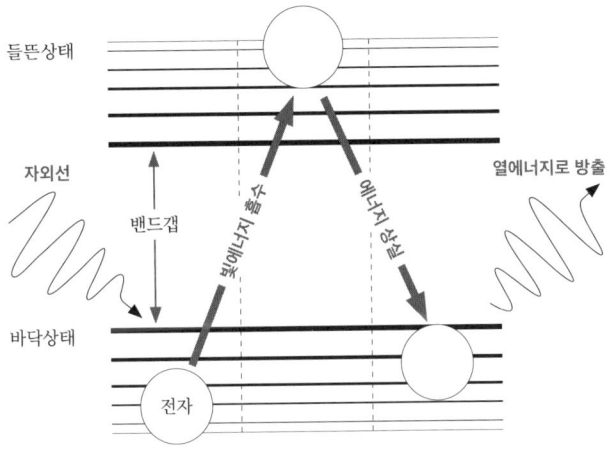

피부가 하얘지고 뻑뻑하며 눈이 시린 이유

자외선차단제를 바르면 피부가 하얘지고 뻑뻑하며 눈이 시린 것은 당연하다. 성분에 그런 특성이 있기 때문이다.

무기성분인 티타늄디옥사이드와 징크옥사이드는 광물가루로, 그 자체로 하얀색을 띤다. 실제로 화장품과 가공식품에 흰색을 내는 착색제로 쓰이며 페인트 등의 도료로도 많이 쓰인다. 또한 두 성분은 제품의 점도를 높이는 점도증가제이자 질감을 불투명하게 만드는 불투명화제로도 사용된다. 자외선차단제가 뻑뻑하고 하얗고 잘 흡수가 되지 않는 것은 성분 자체에 이런 특성이 있기 때문이다.

눈이 시린 것은 유기성분과 관계가 있다. 유기성분은 대체로 벤젠고리를 함유한 아로마틱 분자다. 휘발성이 있기 때문에 눈 주위에 발랐을 때 눈이 따끔거린다. 또 바른 뒤에도 계속 휘발이 되어 눈 시림 증상을 일으킨다.

또한 유기성분은 기름과 유기용매에 녹는 지용성 물질이기 때문에 많이 넣을수록 유분이 많아지고 번들거린다는 단점이 있다. 지성 피부에 바르면 모공이 막혀 여드름을 유발할 수 있다.

이처럼 성분 자체에 이런 성질이 있기 때문에 자외선차단제는 하얗고 뻑뻑하거나, 번들거리고 눈을 시리게 한다.

또한 바르는 양이 매우 많기 때문에 이런 단점이 더 심하게 나타날 수밖에 없다. 많은 양을 발라야 하는 것도 불만이 커지는 원인 중의 하나다.

그러므로 우리는 자외선차단제가 우리 마음에 쏙 들 수 없음을 인정해야 한다. 로션이나 에센스처럼 부드럽게 발리는 제품을 찾고 싶겠지만, 그런 자외선차단제는 없다.

다만 이러한 단점을 줄인 제품은 있다. 제조 기술이 발전하면서 백탁, 뻑뻑함, 눈 시림 증상을 줄이고 질감을 가볍게 개선해 좀더 편안하게 사용할 수 있는 자외선차단제가 개발되었다. 우리가 찾아야 할 것은 바로 이런 제품이다.

좋은 자외선차단제는 뭐가 다를까?

자외선차단제의 단점을 줄이고 사용감을 개선하려면 원료에 따라 여러 기술을 적용해야 한다.

무기성분은 입자의 크기를 줄이는 나노기술을 이용해 사용감을 대폭 개선할 수 있다. 티타늄디옥사이드와 징크옥사이드가 흰색을 띠는 이유는 가시광선을 다 반사하기 때문이다. 모든 색의 가시광선을 반사하기 때문에 그 색이 다 섞여 흰색을 띤다. 그러나 입자를 100나노미터nm(10억분의 1미터) 이하의 크기로 나노화하면 가시광선의 반사율이 줄어들고 통과율이 늘어나면서 점점 색을 잃고 투명해진다. 그래서 나노입자를 쓰면 백탁현상을 현저히 줄일 수 있다.

이 외에도 나노입자를 쓰면 자외선 차단 효율이 늘어나는 효과를 덤으로 얻는다. 입자의 크기가 작아질수록 밴드갭이 좁아져서 바닥상태와 들뜬상태를 넘나드는 전자의 이동이 더 활발해지기 때문이다. 그래서 나노입자를 사용하면 훨씬 적은 함량으로 높은 SPF Sun Pro-tection Factor(자외선 차단 지수)를 만들 수 있다. 그만큼 사용감도 더 좋아진다.

코팅도 사용감에 큰 영향을 끼친다. 티타늄디옥사이드와 징크옥사이드는 보통 실리카나 알루미나로 표면을 코팅한다. 왜냐하면 두 성분은 수분과 닿으면 수산기OH-를 생성하고 그것이 주변의 산소와 결합해 산화작용을 하기 때문이다. 코팅을 해서 피부에서 분비되는 수분과의 접촉을 막아야 자외선 차단 효과가 오래 지속되며 피부에 안전하다.

원료 회사들은 실리카와 알루미나 외에도 다른 여러 가지 화학성분을 혼합해 코팅을 한다. 더 뛰어난 코팅 기술이 적용될수록 자외선 차단 효율이 높아질 뿐만 아니라 질감도 좋아진다.

유기성분은 눈 시림이 가장 큰 단점인데 이 역시 나노기술로 개선할 수 있다. 폴리머(고분자화합물) 성분으로 나노

캡슐을 만들고 그 안에 유기성분을 넣으면 휘발성이 억제되어 눈 시림이 현저히 줄어든다. 게다가 광안정성은 높아지고 피부 자극은 낮아진다. 그래서 훨씬 안전하고 사용감이 좋은 자외선차단제를 만들 수 있다. 적은 양으로 높은 차단 효과를 낼 수 있기 때문에 지성 피부가 발라도 좋을 정도로 점도를 낮출 수 있다.

이 밖에도 다른 성분을 첨가해 사용감을 더 개선할 수 있다. 천연 오일, 유화제, 연화제 등을 넣어 뻑뻑한 질감과 진한 점도를 개선할 수 있고 피막형성제를 넣어 매끈한 질감을 만들 수 있다. 주로 피이지(폴리에틸렌글라이콜), 피피지(폴리프로필렌글라이콜) 계열의 유화제와 실리콘 계열의 용제, 폴리머 코팅 성분으로 좋은 질감을 만들 수 있다.

대표적인 오해 네 가지

자외선차단제에 관해서는 유해성을 강조하는 성분 정보가 특히 많다. 광 알레르기, DNA 독성, 발암성, 호르몬 교란, 체내 축적, 피부 노화, 환경 악영향 등, 무시무시한 정보를 흔히 볼 수 있다. 이러한 정보는 대부분 화학성분에 대한 오해와 과학에 대한 이해 부족에서 나온 것이다.

첫째, 독성 성분을 피해야 한다?

모든 물질에는 독성이 있다. 그러나 독성은 양에 따라서 위험이 클 수도 있지만 작을 수도 있고 거의 의미 없는 수준으로 사라질 수도 있다.

무엇보다도 독성은 어떤 방식으로 노출되느냐에 따라 달라진다. 먹었을 때 나타나는 독성, 호흡기로 들이마셨을 때의 독성, 눈에 들어갔을 때의 독성, 피부에 발랐을 때의 독성이 모두 다르다. 호흡기로 고용량을 장기간 들이마셨을 때 암이 발생한다고 해서 피부에 발랐을 때도 암이 발생한다고 볼 수 없다.

자외선차단제와 관련된 위험 정보를 살펴보면 모두 엉뚱한 정보에 바탕을 두고 있는 것을 알 수 있다. 예를 들어, 아보벤존(부틸메톡시디벤조일메탄)이 DNA 손상을 일으킨다는 정보는 배양된 세포에 고농도의 아보벤존을 바른 뒤 자외선으로 활성산소를 발생시켜 DNA 손상을 유도해낸 것이다.[1] 자외선차단제에 사용되는 아보벤존은 안전하게 코팅되어 5% 배합 한도 내에서 사용되며 다른 산화방지제,

항산화제와 함께 배합되기 때문에 현실에서 이런 산화반응은 일어날 가능성이 거의 없다.[2]

옥시벤존(벤조페논-3)이 발암물질이라는 주장도 마찬가지다. 이 성분은 국제암연구소 2B군 발암물질(동물실험이나 세포를 상대로 한 기내실험에서 발암성이 증명된 논문이 한정적으로 존재하지만 인체 발암성을 증명한 논문은 전혀 없는 물질)로 분류되어 있다. 하지만 이는 세포 실험에서 분자에 인위적 환경을 조성해 유전자 변형을 유도한 결과다.[3] 동물실험과 인체실험에서는 이런 결과가 나오지 않는다. 더구나 화장품에는 5% 이하로 첨가되기 때문에 발암성과는 관련이 없다.[4]

물론 일부 성분이 알레르기나 접촉피부염을 일으킬 가능성은 존재한다. 그러나 이런 가능성은 자외선 차단 성분에만 있는 것이 아니라 모든 성분에 다 있다. 아무리 순한 성분이어도 누군가에게는 알레르기를 일으키고, 접촉피부염을 일으킨다. 더 중요한 것은 알레르기는 그 성분에 알레르기가 있는 사람에게만 일어난다는 점이다. 알레르기가 없는 사람이라면 알레르기를 일으킨다는 말에 두려워할 필요가 없다.

자외선차단제는 한국에서는 기능성 화장품으로, 미국, 캐나다, 호주 등에서는 의약품으로 특별 관리를 하는 품목이다. 모든 성분은 철저한 위해평가를 거쳐 안전한 한도 내에서 사용된다. 또한 제품 출시 전에 품질 검사, 안전성 검사를 두루 거친다. 위해성이 크다면 결코 지금처럼 아무데서나 유통하고 아무나 구입할 수 있게 허락하지 않는다.

좋은 자외선차단제를 고르기 위해서, 우리는 먼저 성분 정보의 굴레에서 벗어나야 한다. 성분에 대한 걱정과 오해에 사로잡혀 있으면 선택은 점점 어려워지고 결과도 만족스럽지 않다. 성분의 안전은 이미 과학자들이 검증했고 법과 제도를 통해 지켜지고 있다. 소비자는 그저 자신의 피부 타입에 따라, 취향에 따라 자유롭게 고르면 된다.

둘째, 나노입자는 장기에 축적된다?

최근 도마 위에 오른 자외선 차단 성분은 티타늄디옥사이드와 징크옥사이드 나노입자다. 나노입자가 피부를 통해 체내로 흡수되면 혈액을 통해 여러 장기에 축적되어 문제를 일으킬 수 있다는 주장이 제기된 것이다. 심지어 뇌세포로 들어가 치매를 유발할 수 있다는 주장도 있다.

이러한 주장은 모두 잘못된 것이다. 나노입자는 장기간 다량을 먹거나 호흡기를 통해 흡입할 경우 심장, 폐 등에 축적될 수 있다. 비강에 직접 주사를 하거나 주입을 하면 그중 일부가 뇌세포로 들어갈 수도 있다. 그러나 피부를 통한 체내 흡수는 일어나지 않는다. 이는 미국 식품의약국 FDA 산하 의약품평가연구센터CDER, 유럽 소비자안전과학위원회SCCS, 독일 연방위해평가원BfR, 덴마크 환경보호국 DEPA 등이 모두 공식적으로 발표한 내용이다.

각질이 제거된 피부에 바르면 흡수율이 더 높아진다는 주장도 사실이 아니다. 티타늄디옥사이드와 징크옥사이드는 각질층을 일부러 손상시킨 피부를 대상으로 한 실험에서도 체내로 흡수되지 않았다. 각질층의 아래층으로 좀더 내려가긴 하지만 그 이상 흡수되지 않는다.[5]

물질의 위험을 언급할 때 노출경로와 노출량을 빼놓고 이야기하는 것은 많은 오해를 불러일으킨다. 자외선차단제는 피부에 바르는 것이며 그 함량도 법에 따라 제한되어 있다. 실험에서처럼 다량을 코로 들이마시고 비강에 주입시키는 일은 현실에서는 일어나지 않는다. 화장품의 사용법과는 거리가 매우 먼 이야기다.

다만 뿌리는 자외선차단제는 조심해야 한다. 호주는 뿌리는 자외선차단제에 "들이마시지 말 것"이라는 경고 문구를 반드시 넣도록 하고 있다. 한국도 스프레이형 자외선차단제에는 "얼굴에 직접 분사하지 말고 손에 덜어 얼굴에 바를 것"이라는 주의 문구를 반드시 표시해야 한다.[6]

셋째, 유기자차는 피부 노화를 일으킨다?

유기자차는 화학성분이라는 이유로 더 많은 의심을 받는다. 그중 하나가 자외선을 차단하는 과정에서 열을 발생시켜 피부 온도를 올리고, 이로 인해 피부 노화가 발생한다는 주장이다.

하지만 이것도 지나친 과장이다. 유기자차의 원리가 빛에너지를 열에너지로 전환해 방출하는 것은 맞다. 하지만 그렇다고 그 열에너지가 우리가 체감할 정도로 높은 열로 나타나는 것은 아니다. 감각이 매우 예민한 사람이라면 약간의 열감을 느낄 수는 있다. 그러나 대부분은 느끼지도 못한다.

또한 빛에너지를 열에너지로 전환해 자외선을 차단하는 것은 유기자차만이 아니다. 앞서 설명했듯이 무기자차도 같은 원리로 자외선을 차단한다. 그뿐만 아니라 멜라닌 색소도 똑같은 방식으로 자외선을 차단한다. 멜라닌은 우리 피부가 스스로 만들어내는 천연 자외선차단제다. 바르는 자외선차단제와 마찬가지로 흡수된 빛에너지를 열에너지로 전환해 방출한다. 우리 피부가 갖고 있는 고유의 자외선차단제도 열을 발생시키는데 바르는 자외선차단제가 열을 좀 발생시키는 것이 뭐가 문제일까?

넷째, 유기성분이 환경에 나쁜 영향을 준다?

요즘 떠오르는 또 다른 유해 정보는 유기성분이 해양생물에 나쁜 영향을 준다는 주장이다. 산호의 사막화현상에 자외선차단제가 관여하고 그 직접적 원인이 옥시벤존(벤조페논-3)과 옥티노세이트(에칠헥실메톡시신나메이트) 때문이라는 논문이 나온 것이다.[7] 이를 근거로 팔라우는 2020년부터, 하와이 주정부는 2021년부터 두 성분이 함유된 자외선차단제의 판매 및 유통을 금지하기로 결정했다.

그러나 두 성분을 금지해야 한다고 주장하기에는 아직 성급하다. 해당 논문의 허점을 지적한 과학자가 많기 때문이다.

논문의 저자는 하와이와 버진아일랜드 해안의 산호초 주위의 바닷물에서 고농도의 옥시벤존과 옥티노세이트가 검출되었다고 주장하지만, 그러한 농도가 늘 유지되는 것은 아니며 모든 산호초 주위에서 발견된 것도 아니다. 또한 이들은 실험실에서 인공 바닷물을 이용해 산호초가 두 화학물질에 의해 백화되는 것을 증명해냈지만 현실에서 실현되기 어려운 고농도였다. 그런 고농도라면 어떤 화학물질을 넣어도 똑같은 결과를 냈을 거라고 비판하는 과학자들이 있다.[8]

해양환경을 연구하는 과학자들은 자외선차단제는 매우 지엽적인 원인일 뿐이고 진짜 원인은 훨씬 더 큰 문제에 있다고 말한다. 지구온난화에 따른 해수 온도의 상승이 진짜 원인이라는 것이다. 해수 온도가 상승하면 산호가 박테리아에 쉽게 감염되고 스트레스를 받아서 사막화를 일으킨다고 분석한다. 현재 전 세계 산호초의 90% 정도가 사막화되었는데 그중 상당수는 해안에서 멀리 떨어져 있고 관광객들도 찾지 않는 곳이다. 사람의 접근이 없는 먼바다의 산호초까지 사막화현상이 두루 일어난다는 것은 이것이 훨씬 큰 규모로 일어나고 있는 환경적 변화와 관련이 있다는 뜻이다.[9] 지구온난화 외에도 어류 남획, 바닷물로 흘러들어 가는 오폐수 등이 원인으로 꼽힌다.

이처럼 근거가 부족한데도 팔라우와 하와이 주정부가 두 성분을 서둘러 금지한 것은 과학적 결정이라기보다는 정치적 결정이라고 볼 수 있다. 잘 써오던 성분을 금지하려면 훨씬 더 신중한 접근이 필요하다. 악영향의 규모가 어느 정도인지, 산업에 미치는 충격은 얼마나 될지, 금지를 통한 실익이 얼마나 되는지 전면적인 조사가 필요하다. 한두 개의 논문으로 단정 짓고 무조건 금지하라고 말하는 것은 과학의 방식이 아니다. 각 나라의 환경 관련 부처와 화장품 감독기관들의 판단을 기다려야 한다.

전문가 추천 제품이 실망스러운 이유

많은 사람이 좋은 자외선차단제를 찾기 위해 전문가에게 매달린다. 전문가가 추천한 제품은 성분이 좋고 안전하고 사용감도 좋을 거라고 생각하기 때문이다.

그러나 막상 사용해보면 백탁현상이 심하고 흡수도 잘 안 되고 뻑뻑한 제품이어서 실망하게 된다. 그 이유는, 사용감보다 성분을 위주로 추천한 제품이기 때문이다. 시중에서 나쁘다고 말하는 성분은 최대한 들어 있지 않은 제품을 추천하기 때문에 오히려 사용감 면에서는 떨어진다.

전문가들은 가장 안전한 성분을 강조하다 보니 주로 무기성분으로만 만들어진 무기자차, 특히 논나노non-nano 제품을 추천한다. 그래서 심한 백탁현상과 뻑뻑한 질감에서 벗어날 수 없다. 또한 많은 전문가가 실리콘 계열의 질감개선제, 피이지, 피피지 계열의 유화제에 대해서 부정적이다. 이런 성분이 들어 있으면 유해성이 높다며 죄다 탈락시킨다. 그 결과 잘 발리지도 않고 하얗게 들뜨는 자외선차단제를 추천하게 된다.

화장품은 이미 안전하다. 안전한 제품을 찾기 위해 전문가의 추천에 매달리기보다는 직접 발라보고 자신의 감각과 취향에 따라 선택하는 것이 실패를 줄이는 방법이다.

자외선차단제를 고르는 7단계

이제 모든 정보를 갖췄으니 자외선차단제 쇼핑에 나서보자. 우리가 찾아야 할 제품은 성분의 단점을 줄인 제품, 사용감이 좋고 피부를 편안하게 해주는 제품이다. 그리고 내 피부 타입에 잘 맞고 향과 디자인에 대한 나의 취향을 만족시키는 제품이다. 다음의 7단계를 거치면 그런 제품을 찾을 수 있다.

1단계, SPF 30~40 제품을 고른다

SPF 지수는 자외선차단제의 사용감과 굉장히 큰 관계가 있다. 지수가 높을수록 자외선 차단 성분을 많이 넣어야 하고, 많이 넣을수록 성분이 갖고 있는 고유의 단점이 극대화되어 나타나기 때문이다.

보통 SPF 30에는 자외선 차단 성분이 7~15% 들어간다. SPF 50에는 20~30%가 들어간다. 그래서 SPF 50은 훨씬 더 뻑뻑하고 백탁현상도 심하고 사용 후 더 갑갑하고 눈 시림도 심하다. 사용감을 고려할 때 SPF 30~40을 선택하는 것이 가장 좋다.

SPF 30보다 낮으면 사용감이 더 좋지 않을까? 물론 그렇다. 하지만 이보다 낮은 것을 바르면 자외선 차단율과 지속 시간에서 문제가 생긴다.

자외선차단제를 바른다고 해서 피부에 쏟아지는 자외선을 100% 차단하는 것은 아니다. 일부는 차단막을 뚫고 피부에 닿는다. 보통 표시된 SPF 지수분의 1만큼 자외선 차단 손실이 일어나는 것으로 알려져 있다. 예컨대 SPF 8은 8분의 1만큼 자외선 차단 손실이 일어나기 때문에 87%만 차단하고 나머지 13%는 피부에 도달한다. 그래서 일부 국가는 SPF 8 이하는 자외선차단제로 인정하지 않는다. 90% 이상을 차단하려면 적어도 SPF 15를 발라야 한다. SPF 15는 자외선의 93%를, SPF 30은 97%를, SPF 50은 98%를 차단한다. 이왕이면 최대치에 가까운 SPF 30을 바르는 것이 좋다.

지속 시간에서도 SPF 30 이하는 불안하다. 적어도 5시간 이상 차단 효과가 지속되길 원한다면 SPF 30은 되어야 한다. 이론적으로 SPF 30은 황인종인 한국인에게 최소 5시간에서 최대 10시간 정도의 자외선 차단 효과를 낸다. 지속 시간은 햇볕에 노출되는 시간, 자외선 강도에 따라 더 길어지기도 하고 짧아지기도 한다. 실내 생활이 많은 한국인에게 일상에서의 자외선 차단은 SPF 30으로 충분하다.

안타깝게도 한국의 자외선차단제 시장은 SPF 50이 주류를 이루고 있다. 한국인은 유독 흰 피부를 중요시하고 완벽한 자외선 차단 효과를 추구하기 때문에 높은 지수를 선호한다. 하지만 그럴수록 사용감은 떨어진다. SPF 30~40의 제품이 많이 나와서 소비자가 선택할 수 있는 범위가 넓어져야 한다.

자외선A를 차단하는 PA 지수는 어떻게 선택해야 할까? SPF 30~40을 선택하면 PA 지수는 보통 별 두 개(++)인 제품과 별 세 개(+++)인 제품으로 나온다. 야외 활동이 많은 사람이라면 별 세 개가 좋고, 실내 생활을 위주로 하는 사람이라면 별 두 개로도 충분하다.

2단계, 2만 원대 중반~3만 원대 중반 제품을 고른다

자외선차단제를 선택할 때 가격은 매우 중요하다. 가격이 자외선차단제의 완성도를 결정하기 때문이다.

사실 단순히 자외선을 차단하는 효과만 본다면 가격은 상관이 없다. 다이소에서 파는 5,000원짜리 자외선차단제도 라벨에 표시된 SPF 지수대로 자외선을 잘 차단해준다.

그러나 사용감이 좋은 제품을 찾는다면 50~60ml 기준으로 적어도 2만 원대 중반 이상의 돈을 써야 한다. 그 정도 돈을 써야 사용감을 개선한 고급 원료들을 넣은 제품을 고를 수 있기 때문이다.

앞서 말했던 나노화된 티타늄디옥사이드와 징크옥사이드가 그런 고급 원료 중 하나다. 또한 어떤 성분으로 코팅을 했는지에 따라서도 원료의 가격이 달라진다. 고급 실리콘 코팅, 스테아릭애씨드, 다이메티콘 등으로 발림성을 개선한 코팅이 가격이 더 높다.

나노 캡슐 기술을 적용한 유기자차 성분도 가격이 더 나간다. 최근에는 나노 캡슐 안에 여러 자외선 차단 성분을 넣고 항산화 영양 성분까지 함께 넣는 기술이 각광을 받고 있다. 눈 시림 현상을 대폭 줄이고 광안전성, 피부 보호, 질감 개선까지 많은 것을 기대할 수 있다.

이 밖에도 실리콘오일류, 각종 유화제, 용제, 피막형성제 등도 가격을 올린다. 이런 성분들은 값비싼 안티에이징 에센스와 파운데이션에도 들어갈 정도의 고급 원료다.

그렇다면 더 비싼 제품은 어떨까? 물론 더 비싼 제품도 좋다. 4~5만 원대라면 질감을 개선하는 고급 원료뿐만 아니라 각종 항산화 성분, 진정 성분, 그리고 주름과 미백에 관여하는 안티에이징 성분까지 골고루 들어 있을 수 있다. 자외선을 차단하면서 안티에이징 효과까지 누리고 싶다면

4~5만 원대에서 원하는 제품을 찾을 수 있다.

그러나 이 이상의 가격이라면 품질이 더 좋아지는 것과는 관련이 없다. 그보다는 브랜드의 종류와 인지도에서 차이가 난다. 더 유명한 브랜드, 톱스타를 광고 모델로 쓰는 브랜드, 홍보를 많이 하는 브랜드, 백화점에서 판매하는 브랜드, 고가의 방문판매 브랜드 등은 품질 이외에도 비용이 많이 들기 때문에 가격이 높다.

우리는 각자의 취향, 가치관, 경제력 등을 바탕으로 어떤 가격대의 제품이든 선택할 수 있다. 내가 추천하는 2만 원대 중반에서 3만 원대 중반의 가격은 어디까지나 좋은 사용감을 기준으로 가장 합리적인 가격을 제시한 것이다. 사람에 따라 더 낮은 가격에서도, 또는 더 높은 가격에서도 마음에 드는 제품을 얼마든지 발견할 수 있다.

3단계, 천연·유기농, 논나노 제품을 제외한다

성분에 대한 두려움이 많은 사람들은 안전함을 강조하는 천연·유기농 브랜드를 선호한다. 그러나 사용감이 좋은 자외선차단제를 찾는다면 오히려 천연·유기농 브랜드를 제외하는 것이 좋다. 이들이 만든 자외선차단제는 사용감이 떨어질 확률이 높기 때문이다.

가장 큰 이유는 이들이 무기성분과 논나노만을 고집하기 때문이다. 그래서 백탁현상이 현저히 줄었다고 광고하는 제품조차도 막상 사용해보면 심하게 하얗고 잘 흡수되지 않는다.

또한 질감을 개선하기 위한 모든 성분도 화학성분이라는 이유로 사용을 피한다. 유화제를 제대로 쓰지 않아 유성층과 수성층이 분리되는 현상이 일어나는 제품도 많다.

이러한 단점은 앞으로도 개선되기 어렵다. 왜냐하면 화장품법의 천연·유기농 인증제도 자체가 이러한 조건을 요구하기 때문이다. 2019년 개정된 '천연화장품 및 유기농화장품의 기준에 관한 규정'에 따르면 자외선차단제의 경우 천연·유기농으로 인증을 받으려면 반드시 무기성분을 써야 하고 나노입자를 쓸 수 없다. 또 성분의 95% 이상이 천연원료여야 하고 5% 내에서만 화학성분의 배합이 허용된다. 그마저도 석유화학에서 유래한 분자는 2%를 초과할 수 없다. 질감을 개선하는 화학성분이 들어갈 여지가 없다는 뜻이다.

그렇다고 천연·유기농 자외선차단제가 완전히 쓸데없다는 뜻은 아니다. 사용감이 떨어짐에도 불구하고 자연에서 온 성분을 선호하는 사람들, 최대한 화학성분의 접촉을 줄이고 싶은 사람들에게는 천연·유기농 제품이 정답일 수 있다. 또 도무지 안전에 대한 걱정을 떨쳐버릴 수 없는 사람들에게도 이러한 제품이 심리적 위안이 될 수 있다.

그리고 유아와 아동에게는 오히려 천연·유기농 제품을 권한다. 유아와 아동은 아직 피부가 약하고 면역력이 강하지 않으므로 화학성분을 최소화하는 것이 좋다. 특히 유기 자외선 차단 성분은 5세 미만에서 알레르기가 일어나는 확률이 조금 높게 나타난다. 유치원에 들어간 이후부터 유기자차를 조금씩 발라보는 것이 좋다.

천연·유기농 브랜드가 아닌데도 논나노를 내건 제품들이 간혹 있다. 이런 제품도 백탁이 심할 확률이 높으므로 제외하는 것이 좋다.

4단계, 지성용인지 건성용인지 확인한다

이제 남아 있는 제품의 광고를 볼 차례다. 광고는 제품의 기본적인 사양을 알려주는 훌륭한 정보다. 자외선 차단 외에도 주름 개선, 미백 등 기능성 인증을 받았는지, 어떤 식물 추출물, 오일, 항산화 성분을 썼는지, 바른 뒤의 피부 표현은 어떤지 등을 확인할 수 있다. 제품에 따라 미네랄 색소인 마이카를 넣어 피부를 반짝이게 하는 효과를 내기도 하고, 착색제를 조금 넣어 피부 톤을 보정해주는 효과를 내기도 한다. 만약 이런 효과를 선호한다면 선택 조건에 반영할 수 있다.

광고에서 반드시 확인해야 할 것은 그 제품이 과연 내 피부 타입에 맞는가이다. 피부 타입에 맞지 않으면 지성 피부에는 여드름을, 건성 피부에는 건조함을 유발하기 때문이다. 보통 건성용으로 개발된 제품에는 영어로 'for dry skin'이라는 문구가 적혀 있다. 지성용으로 개발된 제품에는 'for oily skin'이라는 문구가 적혀 있다.

이름으로 그 제품이 지성용인지 건성용인지를 구분할 수도 있다. 제품 이름에 '모이스처라이징moisturizing', '울트라 모이스처라이징ultra moisturizing' 등의 표현이 있다면 건성용이고, '라이트light', '울트라 라이트ultra light', '오일 프리oil free', '샤인 프리shine free', '밸런싱balancing' 등의 표현은 지성용이다. 이 밖에도 건성용은 점도에 따라 '로션lotion', '크림cream' 등으로 표현되고, 지성용은 '라이트 로션light lotion', '플루이드fluid' 등으로 표현된다.

가장 확실한 방법은 눈으로 직접 점도를 확인하는 것이다. 건성 피부는 진한 로션이나 크림 제형을, 지성 피부는 흘러내릴 정도로 묽은 로션 제형을 골라야 한다.

이 밖에도 광고에 '보송보송하다', '번들거리지 않는다',

'피지 분비를 막아준다' 등의 표현이 있다면 지성용이고 '촉촉함이 오래 지속된다'라는 표현이 있다면 건성용이다.

광고에서 이런 사항들이 확인되지 않는다면 사용 후기를 참조하거나 직접 매장을 방문해 발라보고 판단한다.

5단계, 어떤 불평이 많은지 확인한다

자외선차단제는 사용 후기가 다른 품목보다도 더 큰 도움이 된다. 백탁현상, 발림성, 흡수성, 눈 시림 등 사용감에 대한 직접적 체험담을 얻을 수 있기 때문이다. 상당히 많은 사람이 백탁현상에 대해서 불평을 한다거나 눈 시림에 대해서 불평을 한다면, 그러한 단점이 꽤 심한 제품이라는 것을 알 수 있다. 백탁 없이 잘 발린다, 피부가 편안하다, 산뜻하다, 촉촉하다, 끈적이지 않는다 등등, 좋은 평이 우세한 제품이 우리가 선택해야 할 제품이다.

6단계, 감각으로 체험한다

이제 자신의 감각을 사용해야 한다. 매장에 가서 점찍어둔 제품을 직접 테스트해보는 것이다. 생각했던 점도가 맞는지, 사용감은 어떤지 확인해야 한다.

자외선차단제는 한꺼번에 많이 발라야 하므로 테스트를 할 때도 손등에 많은 양을 짜서 좁은 부위에 최대한 많은 양을 발라보는 것이 좋다. 백탁현상 없이 잘 흡수되는지, 바른 뒤에 끈적이지 않는지 등 사용 후기에서 보았던 내용이 사실인지 확인한다.

가장 중요한 것은 향을 확인하는 것이다. 향은 매우 개인적인 감각의 영역이기 때문에 아무런 기준이 없다. 누군가가 좋다고 추천한다고 해서 나에게도 좋게 느껴지는 것은 아니다. 향에 대한 감각이 예민한 사람일수록 반드시 매장에서 발라보고 고르는 것이 좋다.

7단계, 취향에 맞는 제품을 고른다

이제 6단계까지 통과한 제품 중에서 최종 선택을 할 차례다. 우선 제품의 디자인이 두고 보기에 좋은지, 견고한지, 사용하기에 편리한지를 보는 것이 좋다. 환경의식이 강한 사람이라면 재생이 가능한 재질인지, 과잉 포장은 없는지도 중요한 잣대가 될 것이다. 브랜드는 신뢰할 만한지, 어떤 철학을 갖고 있는지, 사회적으로 어떤 이미지를 갖고 있는지를 고려하고 싶은 사람도 있을 것이다. 이처럼 최종 결정은 자신의 미적 취향, 가치관 등을 반영해야 한다. 화장품은 더 이상 효과와 기능만으로 사용하는 물건이 아니다. 심리적, 정서적 욕구를 고려해 최종 선택을 해야 한다.

성분표를 꼭 보고 싶다면

이렇게 해서 성분과 상관없이 감각과 취향, 가격으로 사용감이 좋은 자외선차단제를 고르는 방법을 살펴봤다. 그런데 만약 성분표를 참고하고 싶다면 무엇을 봐야 할까?

사용감을 높이는 성분들

우선 자외선 차단 성분이 무엇인지 확인하자. 사용감이 좋은 자외선차단제는 100% 유기자차일 확률이 높다. 아보벤존(부틸메톡시디벤조일메탄), 옥티노세이트(에칠헥실메톡시신나메이트), 옥티살레이트(에칠헥실살리실레이트), 옥토크릴렌 등이 주로 사용되는 유기성분이다.

유기성분과 무기성분이 적절히 혼합되어 있는 혼합자차도 사용감이 꽤 괜찮다. 성분표에 유기성분과 무기성분이 함께 적혀 있다면 일단 후보 제품에 올릴 만하다.

100% 나노 무기성분 자외선차단제도 사용감이 좋을 확률이 높다. 그러나 성분표만으로는 사용된 무기성분이 나노인지 논나노인지 구별하기 어렵다. 업체들은 논나노인 경우에는 널리 알리며 홍보하지만 나노인 경우는 감춘다. 나노는 위험하다는 이미지가 크기 때문이다. 광고에 '백탁현상이 없다', '투명하게 흡수된다' 등의 표현이 있다면, 그리고 후기에서 많은 사용자가 백탁현상이 없다고 칭찬한다면, 나노 무기자차일 가능성이 크다.

그리고 사용감을 개선하는 성분들이 있어야 한다. 사이클로펜타실록세인, 다이메티콘, 부틸렌글라이콜, 프로필렌글라이콜, 피이지, 피피지 계열의 유화제, 코폴리머류, 크로스폴리머류 등이 대표적이다.

비타민C와 비타민E 계열의 항산화제, 그리고 녹차, 캐모마일, 알란토인 등의 식물 추출물이 들어 있으면 더욱 좋다. 이러한 성분은 제품의 안정성을 높여주고 피부를 자극 없이 편안하게 해준다. 장기적으로는 피부의 저항력을 높여 노화 방지에도 약간의 도움이 된다.

보존제 성분을 확인하는 것은 의미가 없다. 보존제는 파라벤이건, 페녹시에탄올이건, 여러 대체 보존제를 복합적으로 넣건, 어쨌든 보존을 위해서 꼭 필요한 것이며 무엇이 들어가든 피부에 큰 영향을 주지 않는다. 특정 보존제에 알레르기가 있는 사람만 확인해 피하면 된다.

향료도 굳이 따질 필요가 없다. 향이 나는 것이 싫다거나, 향료에 알레르기가 있는 사람이 아니라면 무향을 고집할 필요가 없다. 향료는 워낙 적은 양이 들어가므로 대부분의 피부에 아무런 영향이 없다. 단, 향에 대한 취향이 명확하다면 성분표만으로는 자신에게 맞는 제품인지 아닌지 알 수 없다. 발라보고 판단하는 것이 최선이다.

색소는 더더욱 볼 필요가 없다. 색소는 제품의 색을 보기 좋게 만들기 위해 넣는 것으로 워낙 조금 들어가기 때문에 대부분의 피부에 아무 영향이 없다. 무색소가 더 안전하다는 생각은 편견이다.

사용감이 좋은 자외선차단제의 성분표

(해외) 키스마이페이스 SPF 30 페이스 팩터 선스크린
Kiss My Face SPF 30 Face Factor Sunscreen

용량·가격	59ml · 12.95달러
자외선 차단 성분	옥티노세이트(에칠헥실메톡시신나메이트 7.5%), 옥티살레이트(에칠헥실살리실레이트 3%), 징크옥사이드(3%)
사용감 개선 성분	아크릴레이트코폴리머, 폴리솔베이트20, 다이메티콘, 카프릴릭/카프릭트라이글리세라이드, 글리세릴스테아레이트에스이 등
항산화 성분	해바라기씨오일, 잇꽃올레오좀, 소듐하이알루로네이트, 아스코빌팔미테이트, 토코페릴아세테이트, 리놀레익애씨드
진정 성분	알로에잎즙, 녹차잎추출물, 오이열매추출물, 스페인감초추출물

헤라 선 메이트 에센스 젤 SPF 40/PA++

용량·가격	50ml · 38,000원
자외선 차단 성분	에칠헥실메톡시신나메이트, 에칠헥실살리실레이트, 비스-에칠헥실옥시페놀메톡시페닐트리아진, 페닐벤즈이미다졸설포닉애씨드
사용감 개선 성분	사이클로펜타실록세인, 페닐트라이메티콘, 메틸트라이메티콘, 사이클로헥사실록세인, 아크릴레이트코폴리머 등
항산화 성분	베타-카로틴, 토코페롤, 해바라기씨오일, 콜레스테롤
진정 성분	복사나무잎추출물, 캐롭열매추출물

폴라스초이스 캄 레드니스 릴리프 미네랄 모이스처라이저 SPF 30 노말 투 오일리/컴비네이션

용량·가격	60ml · 35,000원
자외선 차단 성분	징크옥사이드, 티타늄디옥사이드
사용감 개선 성분	에틸헥실팔미테이트, 사이클로메티콘, 다이메티콘, 피이지-100스테아레이트, C12-15알킬벤조에이트, 폴리솔베이트80, 카프릴릴메티콘, 소듐아크릴레이트/소듐아크릴로일다이메틸 타우레이트코폴리머, 프로필렌글라이콜, 폴리글리세릴-6아이소스테아레이트 등
항산화 성분	판테놀, 켈프추출물
진정 성분	알란토인, 캐모마일꽃추출물, 녹차추출물, 스페인감초뿌리추출물, 알로에베라잎즙

리스킨 TS 워터 선 젤 SPF 30/PA++

용량·가격	50ml · 27,000원
자외선 차단 성분	에칠헥실메톡시신나메이트, 에칠헥실살리실레이트, 이소아밀p-메톡시신나메이트, 디에칠아미노하이드록시벤조일헥실벤조에이트
사용감 개선 성분	사이클로펜타실록세인, 부틸렌글라이콜, 카프릴릭/카프릭트라이글리세라이드, 메틸메타크릴레이트크로스폴리머, 아크릴레이트/C10-30알킬아크릴레이트크로스폴리머
항산화 성분	나이아신아마이드, 쌀발효여과물, 칡뿌리추출물, 수용성콜라겐, 소듐하이알루로네이트, 아데노신 등
진정 성분	쇠비름추출물, 복숭아추출물, 벚꽃추출물, 감초추출물, 작약추출물, 천궁추출물, 알로에베라잎즙 등

아넷사 에센스 UV 선스크린 마일드 밀크 SPF 35/PA+++

용량·가격	60ml · 36,000원
자외선 차단 성분	징크옥사이드, 에칠헥실트리아존, 디에칠아미노하이드록시벤조일헥실벤조에이트, 비스-에칠헥실옥시페놀메톡시페닐트리아진
사용감 개선 성분	메틸메타크릴레이트크로스폴리머, 다이아이소프로필세바케이트, 세틸에틸헥사노에이트, 펜타에리스리틸테트라에틸헥사노에이트, 트라이에틸헥사노인, 다이에틸헥실석시네이트 등
항산화 성분	토코페롤, 소듐하이알루로네이트
진정 성분	왜당귀뿌리추출물, 셀필룸추출물, 스위트체스트넛로즈열매추출물

위험한 화장품은 만들어지지 않는다

자외선차단제는 매우 특수한 기능을 가진 제품인 만큼 안전에 대한 걱정이 크고 오해가 많다. 그럴수록 불안을 만들어내는 불량 정보들이 더 많이 생산되고 빠르게 퍼진다.

이러한 불안을 해소하기 위해 각국의 감독기관들은 성분별 위해평가 보고서를 열심히 발표하고 있다. 위해평가란 노출 시나리오를 가정해 인체에 미치는 위험의 정도를 수치화하는 것이다.

지금까지 유럽 소비자안전과학위원회는 티타늄디옥사이드, 징크옥사이드, 벤조페논-3, 호모살레이트, 4-메칠벤질리덴캠퍼, 페닐벤즈이미다졸설포닉애씨드, 디에칠아미노하이드록시벤조일헥실벤조에이트 등 총 7종의 위해성을 면밀히 평가했는데 모두 현재 허용된 함량을 피부에 바르는 것으로는 건강상의 위험을 초래하지 않는다고 밝혀졌다.[10]

미국에서는 자외선차단제가 일반의약품으로 분류된 만큼 훨씬 더 엄격하게 관리한다. 1999년 16종의 성분을 최종 승인한 이후로 지금까지 새로운 성분을 단 하나도 승인하지 않았을 정도로 보수적이다. 그만큼 알레르기, 접촉 피부염, 피부 흡수율, 내분비 교란 등의 이슈를 면밀히 살핀다는 뜻이다. 2019년 미국 식품의약국은 기존의 자외선차단제 관련 규정의 개정안을 내놓았다. 여기에는 성분별 임상시험 항목을 신설하고 최대 용량 사용을 가정해 인체 위험을 재평가하는 등 더 엄격한 기준을 적용하는 내용이 담겨 있다.[11]

한국도 2017년부터 식약처 산하 식품의약품안전평가원이 화장품 성분별 위해평가 보고서를 하나씩 내놓고 있다. 자외선 차단 성분 중에는 지금까지 에칠헥실메톡시신나메이트와 에칠헥실디메칠파바 등 2종을 평가했는데 최대 허용 함량을 얼굴뿐 아니라 온몸에 듬뿍 바른다고 가정해도 충분히 안전한 것으로 나타났다.[12]

이처럼 자외선차단제는 과학을 통해서, 그리고 법과 규정을 통해서 안전을 충분히 확보하고 있다. 오해와 불신을 넘어 신뢰를 갖기 바란다.

1 "부틸메톡시디벤조일메탄과 에칠헥실메톡시신나메이트의 광안전성 연구", 샤틀렌 E. 외, 〈Photochemisty and Photobiology〉, 2001.

2 "일반의약품으로서의 자외선차단제 : 아보벤존 함유 제품의 마케팅 실태", 미국 식품의약국, 1997, 2007.

3 "벤조페논에 대한 자료 제출", 미국 화장품협회, 1978, 1979.

4 "벤노페논-3에 대한 의견서", 유럽 소비자안전과학위원회, 2008.

5 "티타늄디옥사이드-나노형태에 대한 의견서", 유럽 소비자안전과학위원회, 2013.
"징크옥사이드-나노형태에 대한 의견서", 유럽 소비자안전과학위원회, 2013.

6 "화장품 유형과 사용 시의 주의사항", 화장품법 시행규칙 [별표 3].

7 "산호의 유충과 배양세포에 대한 옥시벤존의 독성병리학적 효과와 이로 인한 하와이와 미국 버진아일랜드의 환경오염 실태", C.A. 다운즈 외, 〈Archives of Environmental Contamination and Toxicology〉, 2015.

8 "산호를 죽이는 건 자외선차단제가 아니다",

〈매셔블오스트레일리아〉, 2015.11.11.

9 "기후변화는 어떻게 산호초에 영향을 끼치는가?",
미국립해양서비스 웹사이트 https://oceanservice.noaa.gov/facts/coralreef-climate.html.

10 "페닐벤즈이미다졸설포닉애씨드와 그 염류에 대한 의견서",
유럽 소비자안전과학위원회, 2006.
"호모살레이트에 대한 의견서",
유럽 소비자안전과학위원회, 2007.
"디에칠아미노하이드록시벤조일헥실벤조에이트에 대한
의견서", 유럽 소비자안전과학위원회, 2008.
"4-메틸벤질리덴캠퍼에 대한 의견서",
유럽 소비자안전과학위원회, 2008.
"벤조펜논-3에 대한 의견서",
유럽 소비자안전과학위원회, 2008.
"징크옥사이드에 대한 의견서",
유럽 소비자안전과학위원회, 2009.
"징크옥사이드 나노형태에 대한 의견서",
유럽 소비자안전과학위원회, 2013.
"티타늄디옥사이드 나노 형태에 대한 의견서",
유럽 소비자안전과학위원회, 2013.

11 "자외선차단제 개정안", 미국 식품의약국, 2019.

12 "2018 화장품 위해평가", 식품의약품안전처, 2018.

환상에
빠지지 말자 :

안티에이징 제품

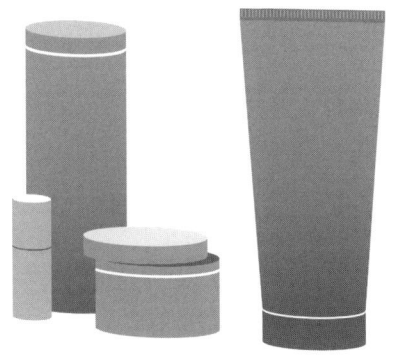

노화 방지, 어디까지 가능할까?

피부에서 탄력이 줄어드는 것을 실감하는 나이가 되면 자연스럽게 안티에이징 제품에 관심을 갖게 된다. 수많은 제품이 주름을 개선하고, 탄력을 되돌리고, 세월의 흔적을 완화해준다고 약속한다. 그러나 그 모든 제품이 약속한 효과를 내는 것은 아니며, 그 모든 약속이 가능한 것도 아니다. 안티에이징 제품은 모든 화장품 품목 중에서 가격이 가장 높고 소비자가 거는 기대도 가장 크다. 그만큼 과장 광고도 많고 환상도 많다. 실패 없는 쇼핑을 위해서는 환상과 현실을 구분할 줄 알아야 한다. 안티에이징의 원리는 무엇인지, 어디까지가 가능하고 어디까지가 한계인지, 어떤 성분들이 진짜 효과가 있는지, 기본 지식을 공부할 필요가 있다.

꾸준히, 그리고 안전하게

안티에이징이란 노화의 과정을 지연하거나, 멈추거나, 개선하는 모든 방법을 의미한다. 노화는 주로 피부를 통해 나타나므로 피부의 외관을 개선하는 것이 안티에이징의 핵심이다. 가장 확실한 효과를 주는 것은 피부과에서 행하는 각종 시술이다. 초음파와 고주파 레이저, IPL_{Intense Pulsed Light}, 가시광선 요법 등으로 피부의 탄력을 회복하고 주름을 지우고 기미와 잡티를 제거할 수 있다. 보톡스로 주름을 펴거나 필러 주사로 꺼진 부위의 볼륨을 채우는 것도 가장 적극적이고 확실한 안티에이징이다.

화장품은 안티에이징의 주요 수단이긴 하지만 피부과 시술처럼 확실한 효과를 내지는 못한다. 화장품을 이용한 안티에이징은 어디까지나 화장품의 범위를 벗어나지 않기 때문이다. 화장품은 매일 피부에 바르는 생활용품이다. 누가 바르건, 얼마나 바르건, 안전하게 만드는 것이 기본 조건이다. 피부를 하얗게 만들고 주름을 개선하는 물질은 피부에 미치는 영향이 큰 만큼 부작용이 따른다. 화장품은 안전이 우선이기 때문에 부작용이 큰 물질은 사용을 금지하거나 함량을 낮춰 사용해야 한다. 그만큼 효과는 미미할 수밖에 없다. 안티에이징 제품을 아무리 발라도 뚜렷한 효과를 느끼지 못하는 이유다.

그렇다고 안티에이징 제품을 발라봤자 소용없다는 뜻은 아니다. 즉각적이고 뚜렷한 효과는 없지만 장기적으로 꾸준히 바르면 피부를 튼튼하게 가꿔주고 노화의 속도를 약간 늦춰준다. 적은 비용으로 안전하게 시도할 수 있는 가장 쉬운 안티에이징이 바로 화장품이다.

피부 노화를 막는 세 가지 원리

피부 노화가 일어나는 이유는 나이가 들면서 세포의 기능이 약화되고 자멸하는 세포가 늘어나 더 이상 새로운 세포를 만들어내지 못하기 때문이다. 노화된 세포가 늘어나고 새로운 세포가 채워지지 않으면서 탄력이 떨어지고, 주름이 깊어지고, 거칠고 메마른 피부가 된다.

화장품을 이용한 안티에이징의 원리는 크게 세 가지다. 첫째는 세포에서 점점 빠져나가는 물질들을 화장품을 통해 채워주는 것이고, 둘째는 세포의 재생을 촉진하는 물질을 바르는 것, 그리고 셋째는 활성산소를 제거하는 항산화 물질을 바르는 것이다.

따라서 안티에이징 제품은 이 세 가지 종류의 물질을 활용한다. 제품에 따라 셋 중 하나에만 집중하는 제품이 있고, 두 가지가 조합된 경우도 있고, 세 가지 모두를 담아낸 제품도 있다. 노화는 어느 한쪽으로만 치우쳐서 일어나지 않으므로 이왕이면 세 가지 물질을 모두 담아낸 제품을 선택하는 것이 좋다.

첫째, 피부 구성 성분을 바른다

천연보습인자 Natural Moisturizing Factors

피부 각질세포 속에는 수분을 머금고 있는 천연보습인자가 잔뜩 들어 있다. 이것은 세포가 각질층을 형성할 때 필라그린이라는 단백질이 분해되는 과정에서 만들어지는 수용성 물질의 총집합이다. 하이알루로닉애씨드, 글리세린, 글루타믹애씨드, 글루타티온, 락틱애씨드, 우레아, 피씨에이PCA, 락테이트, 무기염류, 당분(무코폴리사카라이드, 소듐콘드로이틴설페이트, 글라이코사미노글리칸) 등으로 이루어져 각질층을 촉촉하고 탄력 있고 부드럽게 만들어준다. 천연보습인자는 각질세포 총 질량의 10% 정도를 차지하고 각질층 무게의 20~30%를 차지할 정도로 수분과 탄력을 유지하는 데 결정적인 역할을 한다.

세포 간 지질 Intercellular Lipids

각질세포막에 존재하며 세포와 세포를 이어주는 물질이 세포 간 지질이다. 주성분은 인지질(포스포리피드), 세라마이드, 콜레스테롤, 그리고 지방산(올레익애씨드, 라우릭애씨드, 팔미틱애씨드, 미리스틱애씨드 등)이다. 인지질은 한쪽 끝은 친수성親水性을 띠고, 다른 한쪽 끝은 소수성疏水性을 띠어서 친수성 부분은 세포 속의 수용성 물질과 결합하고, 소수성 부분은 세포 간 지질의 지용성 물질과 결합한다. 그 결과 소수성끼리 맞닿는 이중층을 이루어 세포와 세포 사이를 튼튼하게 결속시킨다. 세포 간 지질이 필요한 물질로 꽉 차 있으면 수분 손실을 잘 막고 외부 환경에 잘 저항하는 건강한 피부가 된다.

천연보습인자 유사 성분
피부에 바르면 천연보습인자와 유사하게 작용하는 물질이다. 스쿠알렌, 오메가산(리놀레닉애씨드, 리놀레익애씨드), 레시틴, 피토스핑고신, 판테놀, 아미노산(알라닌, 아르기닌, 아스파라진, 시스틴, 글라이신, 류신, 알지닌 등)에 이런 기능이 있다.

둘째, 피부 재생 성분을 바른다

나이가 들어 세포의 기능이 약화되면 재생 주기가 느려진다. 이때 재생을 촉진하는 물질을 바르면 새로운 세포가 만들어지면서 주름이 개선되고 탄력이 회복된다. 거친 피부가 부드러워지고 커진 모공이 작아지며 기미와 잡티가 흐려지는 효과가 있다. 가장 많이 연구되고 효과가 증명된 피부 재생 성분은 다음과 같다.

레티놀

비타민A 파생물질이다. 레티놀, 레티닐팔미테이트, 레틴알, 레티닐톨레이트, 레티닐올리에이트, 레티닐리놀리에이트, 레티닐레티노에이트 등이 있다.

나이아신아마이드

비타민B3의 구성요소다. 나이아신아마이드, 니코틴아마이드 아데닌다이뉴클레오타이드 등이 있다.

아데노신

세포 속에 존재하며 생화학적 작용을 하는 물질로 아데노신, 아데노신포스페이트, 아데노신트라이포스페이트, 메틸티오아데노신 등이 있다.

펩타이드

아미노산이 여러 형태로 결합된 화합물로 결합 형태에서 따라 수백 종이 있다. 콜라겐, 엘라스틴, 케라틴 등 피부 단백질을 구성하는 요소로 세포 대사에 필수적이다. 화장품을 통해 바르면 세포의 기능을 활성화시켜 부드럽고 탄력 있는 피부로 가꿔준다.

표피성장인자 EGF

표피 세포의 증식을 촉진하는 펩타이드성 세포 증식인자다. 일반 펩타이드와 마찬가지로 세포를 활성화시켜 콜라겐, 엘라스틴 등의 생성을 촉진하고 세포의 재생을 활발하게 만든다. 알에이치-올리고펩타이드-1, 알에이치-올리고펩타이드-2가 있다.

셋째, 항산화 성분을 바른다

산소는 호흡을 통해 체내로 들어와 인체에 필요한 에너지를 만든다. 이때 산소의 대사 과정에서 변형된 산소가 발생하는데 그것이 바로 활성산소다. 활성산소는 주변의 정상 세포를 공격해 노화를 일으키고 DNA 변형을 유발하기도 한다. 활성산소를 억제하고 제거하는 물질이 바로 항산화 성분이다. 대표적인 항산화 성분은 다음과 같다.

비타민C 계열

아스코빅애씨드, 마그네슘아스코빌포스페이트, 아스코빌팔미테이트, 에칠아스코빌에텔, 아스코빌글루코사이드, 아스코빌테트라이소팔미테이트 등

비타민E 계열

토코페롤, 토코페릴아세테이트, 토코페릴글루코사이드, 토코페릴포스페이트, 토코페릴페룰레이트, 토코트라이엔올

퀴논 계열

퀴논은 아로마 화합물에서 유래한 물질의 총칭이다. 향기 물질인만큼 강력한 항산화 능력을 갖는다. 화장품에서 효과와 안전성을 인정받은 퀴논은 유비퀴논, 하이드록시데실유비퀴논(이데베논), 토코퀴논 등이다. 히드로퀴논도 효과가 좋지만 미국 외의 나라에서는 대부분 금지되어 있다. 알부틴도 분해되면서 히드로퀴논이 생성되기 때문에 퀴논 계열로 분류할 수 있다.

폴리페놀 계열

여러 페놀구조로 이루어진 화합물로 주로 식물에서 유래하지만 합성으로도 만들 수 있다. 레스베라트롤, 녹차카테킨, 쿼세틴, 탄닉애씨드, 엘라직애씨드, 지유글리코사이드I, 에피갈로카테킨갈레이트 등이 있다.

색소 계열

색소도 강력한 항산화 물질이다. 붉은색과 황색을 띠는 카

로티노이드 계열(베타-카로틴, 라이코펜, 제아잔틴, 아스타잔틴)과 황색을 띠는 플라보노이드 계열(바이오플라보노이드, 징코바이플라본, 소이아이소플라본, 안토시아닌, 헤스페리딘)이 가장 대표적이다.

방향족산 계열
아로마 화합물을 구성하는 산acid으로 강력한 항산화 효과를 낸다. 페룰릭애씨드, 카페익애씨드, 신나믹애씨드, 페닐알라닌, 타이로신, 히스티딘 등이 있다.

식물 오일과 식물 추출물
식물에는 비타민, 지방산 등이 듬뿍 들어 있기 때문에 대부분의 식물 오일과 식물 추출물은 그 자체로 항산화 성분이다. 특히 주로 씨앗에서 추출한 휘발성 향이 없는 오일과 그 추출물은 피부에 매우 순하면서 항산화 효과가 좋다. 호호바오일, 아몬드오일, 해바라기씨오일, 올리브오일, 코코넛야자오일, 살구씨오일, 아르간오일, 카놀라오일, 캐스터오일, 녹차, 아사이, 빌베리, 알파-비사보롤, 블랙티, 보라지, 캐모마일, 커피, 조류, 인삼 등 수없이 많다.

기타
베타글루칸, 살리실릭애씨드, 카복실릭애씨드, 카르니틴, 카노식애씨드, 카르노신, 카탈라아제, 엘라직애씨드, 에르고티오네인, 키토산, 커큐민, 마데카소사이드, 플로레틴, 오리자놀, 옥시도리덕타아제, 수퍼옥사이드디스뮤타아제, 효모용해물, 셀레늄, 티옥틱애씨드, 트록세루틴, 징크, 글리시레티닉애씨드

대표적인 오해 세 가지

첫째, 콜라겐을 보충해야 한다?

콜라겐은 진피의 섬유를 구성하는 주요 단백질이다. 나이가 들면 콜라겐의 양이 줄기 때문에 피부에 발라서 보충해야 한다는 말이 상식처럼 퍼져 있다. 그러나 콜라겐은 분자량이 30만Da(달톤)에 이르기 때문에 표피 이하로 침투할 수 없다. 설사 침투하더라도 피부 세포는 될 수 없다. 콜라겐은 진피층의 섬유아세포에서 스스로 만들어내야 하기 때문에 피부를 통해 보충하는 것은 의미가 없다.

화장품에 사용되는 하이드롤라이즈드콜라겐은 엄밀히 말해서 콜라겐이 아니다. 이것은 콜라겐을 가수분해시켜 작은 펩타이드로 쪼갠 것이다. 분자량이 3,000~6,000Da으

로 작아져서 흡수율이 높다고 하지만 그래도 표피 위에만 머문다.

다만 글라이신, 프롤린, 알라닌 등의 아미노산이 풍부하기 때문에 이것이 천연보습인자이자 재생 성분으로 작용할 수 있다. 특히 콜라겐아미노산은 하이드록시프롤린이 다량 함유되어 보습 효과가 있다.

먹는 콜라겐은 어떨까? 콜라겐을 보충제로 먹는 사람들은 이것이 피부의 콜라겐 생성을 도울 것이라 생각하지만 그런 효과는 수많은 체험담으로만 존재할 뿐, 과학으로 증명되지는 않았다. 콜라겐을 먹고 피부 탄력이 좋아졌다거나 주름이 감소했다는 연구 결과가 몇몇 있지만 대부분 소규모 시험이고 제약 회사나 화장품 회사의 의뢰하에 진행된 것이라서 신뢰하기 어렵다.

요즘 각광받는 저분자 피시fish 콜라겐도 마찬가지다. 저분자라서 흡수율이 더 좋은 것은 맞지만 그것이 정말로 피부, 연골, 관절 등의 합성에 100% 쓰일 것이라고 기대하기는 어렵다. 인체가 콜라겐을 합성하려면 단백질과 아미노산뿐만 아니라 촉매, 효소 등 여러 신진대사 물질이 필요하다. 콜라겐을 섭취한다 해도 촉매나 효소가 부족하거나 노화로 인해서 합성 기능 자체가 떨어진다면 큰 도움이 될 수 없다.

화장품 성분으로서 콜라겐은 좋은 보습 성분일 뿐이다. 각질층의 수분도를 높여주고 표면을 보드랍게 만들어준다. 좋은 성분이긴 하지만 안티에이징 성분이라기에는 효과가 평범한 수준이다.

둘째, 최고의 안티에이징 성분은 이데베논이다?

하이드록시데실유비퀴논(이데베논)은 요즘 가장 뜨거운 관심을 받고 있는 안티에이징 성분이다. "레티놀보다 3배 뛰어나다", "알부틴보다 미백 효과가 우수하다" 등의 찬사가 따라다닌다. 이데베논의 항산화 효과 지수가 95점으로 비타민C나 유비퀴논보다도 훨씬 높다는 자료도 있다.

이데베논이 매우 훌륭한 항산화 성분인 것은 사실이다. 그러나 가장 강력한 효과가 있다고 말할 수는 없다. 화장품 산업은 늘 새로운 성분을 찾아 헤매고 그것을 기존의 성분들보다 월등한 효과가 있는 것처럼 띄우곤 한다. 그럴싸한 실험 결과도 함께 제시하지만, 이런 실험은 설계를 어떻게 하느냐에 따라서 얼마든지 원하는 결과를 유도할 수 있다. 이데베논의 항산화 효과 지수가 비타민C나 유비퀴논보다 훨씬 높다는 자료 역시 이데베논을 생산하는 화장품 회사가 연구소에 의뢰해 만들어낸 자료다. 과학이라기보다 일종의 홍보자료라고 봐야 한다.

과학은 세상에 가장 월등한 항산화 성분은 없다고 말한다. 오히려 하나의 기적의 성분을 바르는 것보다 여러 성분을 혼합해 바르는 것이 피부에 훨씬 좋다고 말한다. 이데베논은 좋은 성분이지만 이데베논만으로는 좋은 안티에이징 제품을 만들 수 없다. 여러 비타민 성분, 보습 성분, 식물 추출물, 항산화 성분이 골고루 배합되어야 훌륭한 안티에이징 제품이 만들어진다.

우리는 늘 단 하나의 기적의 성분에 솔깃해하지만 그런 잭팟은 없다. 사과, 딸기, 바나나를 갖다놓고 어느 과일이 영양학적으로 더 우수한지를 따지는 게 무슨 의미가 있을까? 안티에이징 성분도 각각 장단점이 있을 뿐, 그리고 개인에 따라 더 필요하거나 잘 맞는 제품이 있을 뿐, 어느 하나가 가장 우수한 것은 아니다.

셋째, 아이크림에는 특별한 성분이 있다?

아이크림은 안티에이징 제품 중에서도 눈가 부위만을 위해 고안된 매우 특별한 품목이다. 눈가의 주름과 탄력을 위해 꼭 발라야 하는 것처럼 인식되지만, 사실 화장품 성분 중에 눈가에만 특별히 작용하는 성분은 없다. 아이크림에 들어가는 성분은 안티에이징 에센스와 세럼에 들어가는 성분과 다를 바가 없다. 더 특별할 것이라는 기대는 접는 것이 좋겠다.

아이크림의 성분을 살펴보자. 우선 훌륭한 천연보습인자와 천연 오일, 연화제 등이 듬뿍 들어가서 진한 크림 형태를 띤다. 주름과 탄력에 작용하는 세라마이드, 펩타이드, 하이알루로닉애씨드, 레티놀, 아데노신 등과 미백에 작용하는 비타민C, 나이아신아마이드, 알부틴, 유용성감초추출물, 그리고 각종 항산화제가 들어 있다. 일반적인 안티에이징 제품의 성분 구성과 같다.

특이한 점은 아이크림에 착색제로 작용하는 산화철(적색산화철, 황색산화철, 흑색산화철)과 불투명화제인 티타늄디옥사이드가 들어 있는 경우가 많다는 것이다. 파운데이션에나 넣는 착색제와 불투명화제를 왜 아이크림에 넣는 것일까? 그 이유는 눈가에 발랐을 때 약간의 커버력을 주어 다크서클을 가리고 피부 톤이 밝아지는 효과를 노리는 것이다. 다크서클을 완화한다는 제품에는 대부분 이런 성분이 들어 있다.

피부가 화사해 보이도록 마이카를 넣기도 한다. 마이카

는 반짝거리는 효과를 내는 미네랄 색소다.

또한 아이크림에는 주름을 메우고 피부 표면을 코팅해서 마치 주름이 사라진 것 같은 효과를 내는 필러 성분과 피막형성제도 들어 있다. 아이크림을 바르면 즉시 주름이 연해지고 피부가 반질거려 보이는 것은 이런 성분의 속임수다.

최근에는 이런 성분이 아이크림뿐만 아니라 모든 안티에이징 제품에 두루 사용되는 추세다. 이제 안티에이징 제품은 피부 노화를 개선하는 효과뿐만 아니라 피부를 젊어 보이게 만드는 화장 효과까지 갖추는 방향으로 진화하고 있다. 안티에이징 제품을 바르고 곧바로 피부가 좋아 보이는 것은 대부분 이런 화장 효과 덕분이다.

안티에이징 제품을 고르는 5단계

1단계, 3만 원대 후반~5만 원대 제품을 고른다

안티에이징 제품을 선택할 때 가장 먼저 생각해야 할 것은 가격이다. 어느 가격대에서나 항노화 제품을 찾을 수 있다. 그러나 우리가 찾는 것은 '최고의' 제품이다. 앞서 소개한 최고의 안티에이징 성분들이 높은 함량으로 듬뿍 들어 있어야 하며 피부 구성 성분, 피부 재생 성분, 항산화 성분이 어느 한쪽으로 치우침 없이 골고루 들어 있어야 한다. 또한 성분에 따라 피부 전달력을 높이기 위해 고도의 합성 기술, 코팅 기술 등이 적용되어야 한다. 효과가 좋은 안티에이징 성분들은 대체로 고가이며 첨단기술이 적용되면 가격은 더 올라간다.

현재의 원료 가격과 화장품 회사들의 이윤의 폭을 고려할 때 50~60ml 기준 3만 원대 후반~5만 원대가 가장 이상적이다. 이 가격 이하라면 성분표가 비슷해도 성분의 품질과 함량이 떨어질 수 있다. 이 가격 이상이라면 성분에는 문제가 없지만 품질보다도 광고비와 모델료, 유통비, 화장품 회사의 이윤에 더 많은 돈을 치르는 것이 된다. 또는 매우 비싼 성분(한방 성분, 유기농 성분, 줄기세포 성분 등)을 써서 비싼 것일 수도 있지만 효과도 그에 비례해 더 좋은 것은 아니다.

물론 이것이 절대 기준은 아니다. 잘 찾아보면 유통 마진을 줄여 최고의 원료를 쓰면서 더 저렴한 가격에 판매하는 브랜드들이 있다. 믿음이 가는 브랜드가 있다면 써보고 판단하는 것도 좋은 방법이다.

2단계, 기능성 인증 제품을 고른다

한국에는 '기능성 화장품'이라는 좋은 제도가 있다. 3만 원대 후반~5만 원대 제품 중에서 주름 개선과 미백의 이중 기능성 제품을 고르면 그것만으로도 쇼핑은 성공이다. 주름 개선 기능성 제품 속에는 주로 레티놀, 레티닐팔미테이트, 아데노신이 들어 있고 간혹 폴리에톡실레이티드레틴아마이드가 들어 있는 경우도 있다. 미백 기능성 제품 속에는 주로 비타민C(에칠아스코빌에텔, 아스코빌글루코사이드, 마그네슘아스코빌포스페이트, 아스코빌테트라이소팔미테이트)나 나이아신아마이드, 알부틴, 유용성감초추출물, 알파-비사보롤, 닥나무추출물이 들어 있다.

이 가격대의 제품이라면 당연히 다른 종류의 피부 구성 성분, 재생 성분, 항산화 성분도 들어 있다. 쇼핑을 간단하게 해결하고 싶은 사람이라면 3만 원대 후반~5만 원대 제품 중에서 기능성 인증 제품을 선택하는 것만으로도 충분하다.

3단계, 피부 타입에 맞는 점도와 제형을 고른다

안티에이징 제품은 에센스, 세럼, 로션, 크림 등 다양한 제형으로 나온다. 제형의 차이는 안에 들어 있는 보형제와 오일 성분 함량의 차이일 뿐 제품의 효과와는 무관하다. 지성은 묽은 세럼과 에센스류가 적합하고, 건성은 어떤 제형이든 좋다. 지성은 세럼이나 에센스만으로 안티에이징과 보습을 동시에 끝낼 수 있다. 건성은 세럼이나 에센스를 바른 뒤 일반 크림을 덧바르거나, 진한 크림 제형의 안티에이징 제품을 골라 그것 하나로 보습까지 끝낼 수 있다.

4단계, 세 가지 성분이 골고루 든 제품을 고른다

좀더 확실하게 좋은 제품을 고르고 싶다면 성분표를 보자. 앞에서 제시한 피부 구성 성분, 피부 재생 성분, 항산화 성분이 성분표에 골고루 적혀 있는지를 확인한다. 어느 한쪽으로 치우치지 않고 세 가지 성분이 두세 개 이상 골고루 들어 있는 제품이 가장 이상적이다.

그러나 성분표는 어디까지나 참고사항이다. 원하는 성분이 다 적혀 있다고 함량이 충분하다고 보장할 수 없다. 좋은 성분이 잔뜩 적혀 있는 저렴한 제품보다는 오히려 성분은 좀 부족해 보이더라도 가격이 적당히 높은 제품을 골라야 안티에이징에 맞는 충분한 함량을 얻을 수 있다.

5단계, 취향에 맞는 제품을 고른다

가격과 성분, 제형 등에서 모두 합격을 했다 해도 완벽하게 마음에 들 수는 없다. 화장품은 감각으로 인지하는 제품이기 때문에 향이 마음에 들지 않는다거나 바른 뒤 피부 느낌이 원하던 것이 아니라면 거부감을 느끼게 된다. 보송보송한 마무리를 원했는데 너무 찐득거린다거나, 바른 뒤 광이 나기를 바랐는데 밋밋하게 표현된다면 아쉬움을 느낄 것이다. 이것은 안티에이징 성분과는 상관없는 보형제, 질감형성제, 향료 등의 효과다. 성분표를 아무리 봐도 이런 것까지 가려내기는 어렵다. 질감과 향에 예민하다면 직접 발라보고 제품을 선택하는 것이 최선이다.

좋은 안티에이징 제품의 성분표

아이오페 어반 에이징 코렉터	
용량·가격	50ml · 70,000원(실 판매가격 50,000원대)
피부 구성 성분	글리세릴스테아레이트, 팔미틱애씨드
피부 재생 성분	나이아신아마이드, 아데노신
항산화 성분	레스베라트롤, 효모발효물, 락토바이오닉애씨드, 하이드로제네이티드레시틴

씨드보일 세라마이드 세럼	
용량·가격	50ml · 68,000원(실 판매가격 20,000원대)
피부 구성 성분	글리세린, 세라마이드엔피, 소듐하이알루로네이트, 수크로오스
피부 재생 성분	알부틴, 니코티노일에스에이치-펜타펩타이드-19, 알지닌, 글라이신, 아데노신 등
항산화 성분	녹두추출물, 흰목이버섯추출물, 프랑스해안송껍질추출물, 병풀추출물, 녹차추출물, 감초추출물, 베타-글루칸, 페룰릭애씨드, 카페인, 판테놀, 알란토인 등

폴라스초이스 리지스트 인텐시브 크림

용량·가격	50ml · 39,000원
피부 구성 성분	글리세린, 글리세릴스테아레이트, 세라마이드엔지, 소듐하이알루로네이트, 레시틴, 리놀레익애씨드, 리놀레닉애씨드, 소듐피씨에이, 소듐락테이트
피부 재생 성분	레티놀, 아데노신, 팔미토일테트라펩타이드-7, 팔미토일헥사펩타이드-12, 팔미토일트라이펩타이드-1, 나이아신아마이드, 레티닐팔미테이트
항산화 성분	마그네슘아스코빌포스페이트, 토코페롤, 감초추출물, 유차나무잎추출물, 수박추출물, 에스큘렌타렌즈콩추출물, 사과추출물 등

피부 고민별 더 효과적인 성분은 없을까?

안티에이징 중에서도 사람에 따라 주름을 개선하는 데 더 집중하거나, 기미와 잡티를 완화하는 데 더 집중하고 싶을 수 있다. 이럴 때는 그런 기능을 가진 성분이 주가 되는 제품을 고르면 더 빠른 효과를 볼 수 있다.

예를 들어 주름이 가장 큰 고민이라면 레티놀이나 아데노신, 펩타이드가 주성분인 제품을 고르는 것이 도움이 된다. 제품을 검색할 때 '레티놀 세럼', '아데노신 에센스', '펩타이드 에센스' 등의 키워드를 입력하면 해당 성분이 주가 된 제품을 쉽게 찾을 수 있다.

단, 이때도 그 성분 하나만 달랑 있는 것보다는 여러 성분이 함께 있는 것이 훨씬 효과가 좋다. 원하는 기능이 강화된 제품을 찾되, 되도록 피부 구성 성분, 재생 성분, 항산화 성분이 골고루 배합된 제품을 고르자.

피부 고민별 찾아야 할 성분

주름 개선	레티놀, 레티닐팔미테이트, 아데노신, 펩타이드
기미와 잡티 완화	나이아신아마이드, 비타민C(아스코빅애씨드, 마그네슘아스코빌포스페이트, 아스코빌팔미테이트, 에칠아스코빌에텔, 아스코빌글루코사이드, 아스코빌테트라이소팔미테이트), 알부틴, 유용성감초추출물
피부장벽 강화	세라마이드, 오메가산 (리놀레닉애씨드, 리놀레익애씨드)
탄력 강화	하이알루로닉애씨드, 소듐하이알루로네이트, 펩타이드

부스터 제품 활용법

만약 원하는 성분을 좀더 강화해 발라보고 싶다면 부스터가 제격이다. 부스터는 특정 성분을 고함량으로 담은 제품을 뜻한다. 그 자체로 완벽한 제품이라기보다는 최소한으로 가공한 원료 상태에 가깝다. 고함량을 체험할 수 있다는 점은 좋지만 자칫 부작용을 겪을 수 있다. 또한 고함량으로 들어 있는 성분 이외에는 다른 항산화 성분, 진정 성분 등이 부족해서 이것만으로는 안티에이징 효과가 부족하다.

따라서 부스터를 활용하고 싶다면 우선은 피부에 단독으로 발라도 무리가 없는지 확인이 필요하다. 처음부터 단독으로 바르지 말고 다른 제품에 혼합하여 피부 상태를 관찰하면서 서서히 농도를 높여야 한다. 만약 조금이라도 피부가 붉고 예민해진다면 단독으로 발라서는 안 된다. 이럴 때는 에센스에 부스터를 적절히 섞어 원하는 성분을 강화하는 용도로 사용해야 한다.

피부에 문제가 없다면 단독으로 발라도 좋다. 단, 다른 에센스를 덧발라서 성분의 균형을 잡아주는 것이 좋다.

레티놀 부스터의 성분표

폴라스초이스 1% 레티놀 부스터 앰플	
용량·가격	15ml · 52,000원
성분	정제수, 글리세레스-7트라이아세테이트, 글리세린, 잇꽃올레오좀, 아이소펜틸다이올, 폴리글리세릴-10베헤네이트/에이코사디오에이트, 부틸렌글라이콜, 사과추출물, 폴리솔베이트20, 레티놀(1.035%), 감초뿌리추출물, 세라마이드엔피, 팔미토일트라이펩타이드-1, 귀리커넬추출물 등

(해외) 디오디너리 레티놀 1% 인 스쿠알렌 The Ordinary Retinol 1% in Squalane	
용량·가격	30ml · 17.99달러
성분	스쿠알란, 카프릴릭/카프릭트라이글리세라이드, 호호바씨오일, 레티놀, 토마토추출물, 로즈마리잎추출물, 하이드록시메톡시페닐데칸온, 비에이치티

세라마이드 부스터의 성분표

알러 쉔스테 파워 세라마이드 3.1세럼

용량·가격	30ml · 45,000원
성분	정제수, 글리세린, 부틸렌글라이콜, 알코올, 프로필렌카보네이트, 세라마이드엔피, 다이에톡시에틸석시네이트, 나이아신아마이드, 글라이코실트레할로스, 하이드로제네이티드스타치 하이드롤리세이트 등

아베아 콜라겐 엘라스틴 히알루로닉 세라마이드 토탈 솔루션 100

용량·가격	30ml · 30,000원
성분	정제수, 소듐하이알루로네이트, 글리세린, 하이드롤라이즈드엘라스틴, 프로필렌글라이콜, 효모추출물, 세라마이드엔피, 하이드로제네이티드레시틴, 에탄올, 페녹시에탄올

펩타이드 부스터의 성분표

(해외) 애스터우드 내츄럴스 메트릭실 3000 아르기렐라인 펩타이드+비타민C Asterwood Naturals Matrixyl 3000 Argireline Peptide+Vitamin C

용량·가격	59ml · 21.90달러
성분	정제수, 글리세린, 부틸렌글라이콜, 카보머, 폴리솔베이트20, 팔미토일트라이펩타이드-1, 팔미토일테트라펩타이드-7, 포타슘솔베이트, 마그네슘아스코빌포스페이트, 소듐하이알루로네이트, 페녹시에탄올 등

아띠베 플라즈마 트라이펩타이드 부스터 앰플

용량·가격	30ml · 55,000원
성분	정제수, 1,2-헥산다이올, 소듐하이알루로네이트, 프로판다이올, 팔미토일트라이펩타이드-53아마이드, 팔미토일트라이펩타이드-52아마이드, 팔미토일에스에이치-트라이펩타이드-1 아마이드, 팔미토일에스에이치-트라이펩타이드-3아마이드 등

광고 속 시험 결과는 과학이 아니다

안티에이징 제품 광고에는 효과를 증명하는 시험 결과가 흔히 제시된다. 화장품법의 '화장품 표시·광고 관리 가이드라인'에 따라 안티에이징 효과를 주장할 때는 반드시 인체 적용 시험 자료나 인체 외 시험 자료로 입증해야 하기 때문이다. '2주 만에 피부 톤이 32% 개선되었다'라거나 '50일 사용 뒤 주름이 개선된 사람이 98%'라는 식의 표현이 모두 시험 자료로 입증된 것이다.

이러한 시험은 대학 또는 화장품 분야의 전문 연구기관이 진행해야 하고 20명 이상의 피시험자가 있어야 하고 해당 분야 5년 이상의 시험 경력을 가진 자가 감독해야 한다. 어떻게 시험을 진행해야 하는지 가이드라인도 잘 마련되어 있다. 겉으로는 과학의 틀을 잘 갖췄다. 그러나 속을 들여다보면, 이것은 과학이 아니다.

우선 이 시험은 과학이라기에는 신뢰성이 매우 낮다. 20명의 피험자는 통계적으로 의미를 띠기에는 수가 너무 적다. 또한 과학적 시험은 시험 물질을 바르는 시험군과 시험 물질을 바르지 않는 대조군의 두 그룹이 있어야 하는데 화장품 회사들이 내놓는 자료는 대조군 없이 단지 비포&애프터의 변화를 관찰할 뿐이다. 또한 신뢰성을 높이려면

누가 대조군이고 누가 시험군인지 시험자도 피시험자도 모르는 '이중맹검법二重盲檢法, double blind test'으로 진행되어야 하는데 그런 장치가 전혀 없다. 무엇보다도 이 시험들은 연구소가 화장품 회사로부터 돈을 받고 만든다. 화장품 회사는 고객이고 연구소는 용역업체인 셈이다. 고객의 마음에 들기 위해 연구소는 화장품 회사가 원하는 결과를 내도록 시험을 설계할 수밖에 없는 구조다.

따라서 우리는 광고에 등장하는 이런 시험 자료에 큰 의미를 부여하지 말아야 한다. 이것은 과학이 아니라 그저 광고의 일부일 뿐이다. 참고는 하되, 과장이 많다는 점을 알고 있어야 한다.

기적의 효과는 없다

다시 말하지만 화장품을 통한 안티에이징은 어디까지나 화장품의 범위를 벗어나지 않는다. 눈에 띄는 드라마틱한 효과가 아니라 장기적으로 꾸준히 바르면 주름의 형성을 늦추고 탄력을 지키는 데 조금 도움이 되는 정도다. 안티에이징 제품을 바르지 않는다고 해서 더 빨리 늙는다고 말할 수도 없다. 보습을 잘하고 자외선차단제를 꼼꼼히 바른다면 그것만으로도 안티에이징이다. 너무 큰 기대를 하지 말고, 안 바르는 것보다는 바르는 것이 낫다는 마음으로 꾸준히 바르기 바란다.

화사한
표정을 완성하다 :

각질제거제

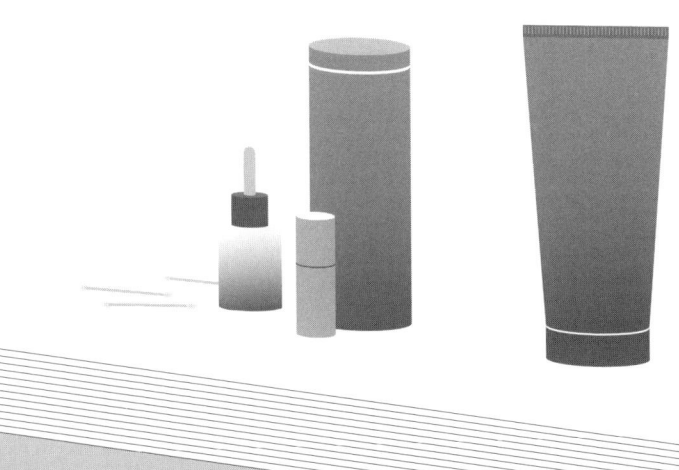

각질제거제를 꼭 써야 할까?

피부가 젊고 예뻐 보이려면 탄력이 있어야 하고 잡티가 없어야 하고 주름이 적어야 한다. 한 가지 조건이 더 있다. 피부 표면이 매끈하고 보드라워야 한다.

매끈한 피부는 빛을 잘 반사해서 화사해 보인다. 피부가 좋은 사람들의 얼굴이 마치 조명을 받는 것처럼 환해 보이는 이유는 매끈한 피부가 빛을 여러 각도로 반사해내기 때문이다.

매끈한 피부를 만드는 미용법이 바로 각질 제거다. 피부 표면의 죽은 각질을 제거해 그 밑에 있는 새로운 각질이 드러나게 하는 원리다. 각질층은 10~30층의 죽은 세포로 이루어져 있다. 이것은 외부 물질이 몸속으로 침투하지 못하게 하고 세포의 수분 손실을 막고 박테리아와 병균의 침입을 차단하는 중요한 역할을 한다. 그러나 너무 두꺼워진 각질은 피부를 거칠고 칙칙하게 보이게 한다. 두껍게 쌓인 각질을 조금 걷어내는 것만으로도 얼굴에서 나이를 확 덜어낼 수 있다.

미용적 효과 외에도 각질 제거는 피부 건강에 도움이 된다. 각질이 제거되면 막혀 있던 모공이 뚫리면서 피지 배출이 원활해져 지성 피부와 여드름 피부를 관리하는 데 도움이 된다. 또한 각질이 제거되면 각질층의 가장 아래인 기저층에서 새로운 각질 세포를 생산해내야 하고 진피층에서 새로운 세포를 올려 보내야 하기 때문에 피부 재생이 활발해진다.

각질 제거는 또한 안티에이징 제품의 효과를 높일 수 있다. 각질층이 얇아져서 더 깊게 침투하기 때문이다. 물론 각질 제거를 한다고 해서 안티에이징 성분이 진피층까지 흡수될 수 있는 것은 아니다. 다만 각질층 안에서 좀더 아래로 들어가 분해되지 않은 상태로 세포에 좀더 오래 머물 수 있다. 화장품의 효과를 따질 때 이것은 상당한 의미가 있다.

지나친 각질 제거는 위험하다

한편으로 각질 제거는 위험하기도 하다. 지나치게 제거할 경우 피부 장벽이 약해져서 건조하고 예민한 피부가 될 수 있다. 조금의 자극에도 민감하게 반응하고 염증을 일으킬 수 있다.

피부의학의 관점에서 적당한 양의 각질은 피부에 반드시 필요하다. 추위, 더위, 자외선으로부터 피부를 보호하고 외부의 공격을 방어하는 등 생존에 유리하게 작용하기 때문이다. 그래서 서양의학은 기본적으로 각질 제거를 권장하지 않는다. 피부는 재생주기에 따라 스스로 각질을 떨쳐내고 새로운 세포를 만들어낸다. 필요한 만큼 떨어져나가고 필요한 만큼 남는다는 것이 각질에 대한 서양의학의 관점이다.

따라서 피부 건강을 해치지 않으면서 자극 없이 순하게 각질을 제거하는 균형 지점을 찾아야 한다. 이것은 사람마다 다르기 때문에 스스로 여러 방법과 제품을 시도해보면서 자신만의 방법을 찾아야 한다.

각질을 제거하는 세 가지 방법

첫째, 도구로 피부를 문지른다

세안장갑, 수건

각질이 많지 않은 부드러운 피부라면, 매주 1~2회 세안을 할 때 클렌저를 묻힌 상태에서 부드러운 가재수건이나 극세사 재질의 세안장갑으로 가볍게 쓸어내며 각질을 제거하면 된다. 자극 없이 각질을 제거하면서 세정 효과도 높일 수 있다.

클렌징 브러시

부드러운 솔로 얼굴을 문질러 세안하면서 각질을 제거한다. 예전에는 손으로 직접 문지르는 브러시 위주였으나 최근 전동 브러시가 쏟아지면서 시장이 급속도로 커지고 있다.

전동 브러시에는 솔이 움직이는 방식에 따라 회전식과 음파식이 있다. 회전식은 브러시의 헤드가 둥글게 원을 그리며 회전하는 방식이고, 음파식은 브러시의 헤드 부분에서 음파를 내보내 그 진동에 따라 브러시가 앞뒤로 진동하는 방식이다. 두 방식 모두 자극 없이 부드럽게 피부 각질을 제거해준다.

전동 브러시가 처음 등장했을 때는 많은 피부과 의사들이 지나친 마찰로 피부를 자극하고 각질을 심하게 깎아낼 수 있다고 우려했지만 최근에는 오히려 긍정적인 효과가 더 크다는 의견이 많이 나오고 있다. 단, 강도를 잘 조절해서 피부 자극을 줄여야 하고, 조금이라도 모가 거칠다고 느껴진다면 제품을 바꿔야 한다. 또한 예민한 건성 피부에는 자극적일 수 있다.

둘째, 물리적 각질제거제로 피부를 문지른다

스크럽 제품

과거에는 주로 폴리에틸렌 플라스틱을 둥글게 가공한 알갱이를 사용했지만 2017년 미세플라스틱이 금지되면서 못 쓰게 되었다. 지금은 그 대안으로 커피 가루, 곡물 가루, 씨앗 가루, 소금, 설탕 등을 사용한다. 천연 성분으로 대체해 더 효과가 좋을 것 같지만 사실은 알갱이가 거칠고 모서리가 많아서 피부에 쉽게 상처를 낸다.

최근에는 스크럽의 이런 문제를 보완해줄 호호바 비즈beads가 개발되었다. 액체인 호호바오일을 고체화해 작은 알갱이로 만든 것이다. 경도가 약하고 둥근 모양으로 가공하기 때문에 얼굴에 문질러도 자극이 적다. 스크럽 제품을 선호한다면 곡물 가루나 씨앗 가루보다 호호바 비즈 제품을 권한다.

고마주 제품

고마주gommage는 '지우개'라는 뜻의 프랑스어다. 각질이 지우개 가루처럼 밀려나오기 때문에 이런 이름을 얻었다. 고마주의 주성분은 카보머다. 카보머는 물을 순식간에 젤로 변화시키는 점증제다. 그런데 여기에 소금과 같은 전해질을 첨가하면 점도가 깨지면서 다시 물이 된다. 보기에는 물이 지만 실제로는 점증제가 꽤 들어 있기 때문에 이것을 얼굴에 바르고 문지르면 물은 증발하고 점증제는 뭉쳐서 커진다. 이때 피부 표면의 피지, 오일, 노폐물, 각질 등과 결합해 클렌징 및 각질 제거 효과를 낸다.

카보머 외에 아크릴레이트/C10-30알킬아크릴레이트 크로스폴리머도 쓰인다. 각질이 때처럼 밀려 나와서 후련하지만 사실 전부 다 각질은 아니다. 손에 힘을 빼고 살살 문질러야 피부에 자극이 없다.

필링젤 제품

셀룰로오스 성분을 이용해 각질을 제거하는 제품이다. 셀룰로오스는 면, 아마, 대마, 펄프 등의 주성분인 섬유소다. 원료 상태에서 흰색의 가루인데 화장품에 첨가하면 점도와 발림성을 높이는 효과가 있다. 또한 섬유소라서 계속 문지르면 서로 잘 뭉치고 주변의 오염물질을 흡착한다.

이 제품 역시 고마주처럼 밀려나오는 각질을 직접 볼 수 있기 때문에 후련한 기분을 준다. 그러나 때의 상당 부분은 죽은 각질이 아니라 셀룰로오스다. 필링젤을 사용할 때도 마찬가지로 손에 힘을 빼고 살살 문질러야 한다.

효소 세안제

효소가 첨가된 파우더 타입의 세안제다. 효소 성분들이 각질과 피부 노폐물을 분해한다고 주장하지만 사실은 옥수수전분에 세정제를 혼합한 것으로, 실질적으로 각질 제거 기능을 하는 것은 옥수수전분이다.

셋째, 화학적 각질제거제로 피부의 각질을 녹인다

AHA 제품

AHA란 알파하이드록시산Alpha Hydroxy Acid의 약자로 과일과 젖당에서 추출한 유기산을 뜻한다. 여러 종류가 있는데 글라이콜릭애씨드와 락틱애씨드, 만델릭애씨드가 대표적이다. 화장품에 소량 첨가하면 보습 효과가 있고 4% 이상 첨가하면 각질을 제거하는 효과가 있다. 단 pH(용액의 산성이나 알칼리성의 정도를 나타내는 수치)가 반드시 3~4에 맞춰져야 효과가 있기 때문에 제품을 구입하기 전에 제조사에 문의해 확인하는 것이 좋다. 토너, 젤, 로션 등 다양한 제형으로 만들어지므로 피부 타입에 따라 선택하면 된다. 피부에 적응시키면서 자신만의 함량과 횟수를 찾는 것이 중요하다.

BHA 제품

BHA란 베타하이드록시산Beta Hydroxy Acid의 약자로 버드나무껍질에서 유래한 유기산이다. 주로 합성으로 생산된다. 화장품에 사용되는 것은 살리실릭애씨드 한 가지다. AHA와 다른 점은 지용성이어서 모공 속에 들어 있는 피지까지 녹여낸다는 점이다. 그래서 여드름 치료제로도 이용된다.

각질을 제거하려면 적어도 0.5% 이상이어야 하는데 국내 화장품법은 딱 0.5%까지만 허용한다. 그 이상을 바르고 싶다면 해외 직구를 하거나 약국 연고를 이용해야 한다.

AHA와 마찬가지로 pH는 반드시 3~4에 맞춰져야 하므로 구매 전에 확인하는 것이 좋다. 토너, 젤, 로션 등 피부 타입에 따라 선택할 수 있다. 역시 서서히 적응시키면서 자신에게 맞는 함량과 횟수를 찾아야 한다.

PHA 제품

PHA는 폴리하이드록시산Poly Hydroxy Acid의 약자다. AHA와 화학적으로 같지만 분자량이 좀더 크다. 성분표에는 '글루코노락톤'과 '락토바이오닉애씨드', '말토바이오닉애씨드'로 표시된다. 비교적 최근에 개발된 성분이기 때문에 마치 효과가 더 좋은 신성분인 것처럼 광고하지만 AHA

나 BHA와 비슷한 수준이다. 분자량이 조금 커서 피부에 더 순하게 작용할 거라는 기대는 있다. AHA와 BHA 제품에서 자극을 느낀 사람이라면 PHA를 시도해볼 수 있다.

아젤라익애씨드 제품

안타깝게도 아젤라익애씨드는 한국에서 2017년 금지 성분으로 지정되었다. 기존에 생산된 제품도 2019년 판매가 종료되었다. 이 성분을 바르고 싶다면 해외 제품을 구하거나 약국 연고를 이용해야 한다. 단, 약국 연고는 20%의 고농도이고 피부에 일상적으로 바르는 농도는 5~10%가 적당하므로 다른 제품과 희석해 피부에 서서히 적응시키며 알맞은 함량을 찾는 것이 좋다.

혼합 제품

AHA, BHA, PHA 등을 두 가지 이상 혼합한 제품이다. 효과가 더 좋다기보다는 소비자에게 다양한 선택을 주기 위해 여러 조합으로 만들어진다.

물리적 각질제거제를 고르는 4단계

1단계, 1~2만 원대 제품을 고른다

물리적 각질제거제는 얼굴에 1~2분 동안 마사지한 뒤 물로 헹궈낸다. 피부에 머무는 시간이 길지 않기 때문에 고가의 항산화 성분이나 안티에이징 성분을 넣는 것은 의미가 없다. 마사지가 잘 되도록 부드러운 제형을 만들고 피부에 자극을 줄이도록 진정 성분을 넣는 것 정도가 성분 배합의 전부다. 각질 제거 알갱이나 점증제인 카보머, 셀룰로오스 등은 그리 비싼 성분이 아니기 때문에 가격이 높아질 이유가 없다. 100ml 기준 1~2만 원대에서 고르는 것으로 충분하다.

단, 호호바 비즈가 들어간 스크럽 제품은 비교적 최근에 개발되어서 가격이 좀 높은 편이다. 100ml 기준 2만 원대 후반~3만 원대 정도가 적당하다.

2단계, 제품 유형을 선택한다

스크럽, 고마쥬, 필링젤 등 관심 있는 유형을 선택한다. 곡물 가루, 씨앗 가루가 들어 있는 스크럽 제품은 자극에 잘 견디는 피부에 적합하다. 자극 없는 순한 스크럽을 원한다면 호호바 비즈가 들어 있는 제품이 가장 좋다. 고마주나 필링젤은 성분은 다르지만 물리적 원리가 같고 효과도 비슷하므로 아무것이나 취향에 따라 선택하면 된다.

3단계, 제형과 향을 고른다

마사지한 뒤 금방 씻어내는 제품이기 때문에 제형과 향은 그다지 중요하지 않다. 단, 명확한 취향이 있다면 미리 체크하는 것이 좋겠다.

4단계, 원한다면 성분을 확인한다

굳이 성분표를 보고 싶다면 몇 가지 확인하자. 보습을 해주면서 매끄러운 질감을 만드는 보형제(글리세린, 글라이콜 등)와 물에 잘 헹궈지도록 도움을 주는 순한 세정제나 계면활성제, 그리고 녹차, 캐모마일, 알란토인 등 진정 작용을 하는 식물 추출물이 적혀 있을 것이다. 제품마다 성분의 이름은 다르지만 구성은 거의 같고 효과도 거의 같다.

좋은 물리적 각질제거제의 성분표

(해외) 마이쉘 프루트 엔자임 스크럽
MyChelle Fruit Enzyme Scrub

용량·가격	68ml · 19달러
각질 제거 성분	호호바에스터(호호바 비즈)
항산화 성분	펙틴, 크렌베리열매즙, 병풀잎추출물, 판테놀, 효모단백질
진정 성분	가시대나무줄기추출물, 스페인감초뿌리추출물, 부처스브룸뿌리추출물, 가시칠엽수껍질추출물, 포트마리골드꽃추출물

닥터지 브라이트닝 필링젤

용량·가격	120g · 19,000원
각질 제거 성분	셀룰로오스
항산화 성분	말굽잔나비버섯추출물, 접시꽃추출물, 꽃가루추출물, 아스코빌글루코사이드, 알지닌
진정 성분	감초뿌리추출물, 블랙윌로우나무껍질추출물

내츄레인 아쿠아 필 모이스처 필링젤

용량·가격	300ml · 2만 원대
각질 제거 성분	아크릴레이트/C10-30알킬아크릴레이트크로스폴리머
항산화 성분	라우릴베타인, 소듐하이알루로네이트, 스쿠알란, 펙틴, 로얄젤리추출물, 하이드롤라이즈드콜라겐
진정 성분	피나무꽃추출물, 마시멜로뿌리추출물, 아르니카몬타나꽃추출물

화학적 각질제거제를 고르는 5단계

1단계, 2만 원대 중반~3만 원대 중반의 제품을 고른다

화학적 각질제거제는 바르고 씻어내지 않는 제품이기 때문에 성분의 구성이 중요하다. 각질 제거 성분의 함량이 충분해야 하고 항산화 성분, 진정 성분이 잘 배합되어 효능을 높이고 자극을 줄여줘야 한다. 또한 발림성이 좋고 흡수가 잘되도록 좋은 질감을 내는 성분들을 많이 써야 한다.

단지 각질 제거 성분의 종류와 함량만 중요한 것이 아니라 제품의 완성도가 중요하기 때문에 적어도 100ml 기준 2만 원대 중반에서 3만 원대 중반의 값을 치러야 한다.

2단계, 써보고 싶은 성분을 고른다

AHA, BHA, PHA, 아젤라익애씨드 중에서 어떤 성분을 발라볼지 결정한다. 특정 성분이 더 효과가 좋은 것은 아니고, 사람에 따라 효과가 다르게 나타날 수 있다. 우선 관심이 가는 성분부터 발라보면서 자신에게 잘 맞는 성분을 찾아야 한다.

한국에는 AHA 제품이 가장 흔하므로 AHA부터 시도해보는 것이 좋겠다.

3단계, 성분의 함량, pH 등을 확인한다

각질 제거가 제대로 되려면 성분의 함량이 매우 중요하다. 보통 AHA는 5~10%가 적당하고 BHA는 0.5~2%가 적당하다. PHA는 10~15%, 아젤라익애씨드는 5~10%가 적당하다. 이것보다 적으면 효과가 떨어지고, 더 많으면 피부에 자극적일 수 있다.

pH도 중요하다. 아젤라익애씨드를 제외하고 모든 화학적 각질제거제는 pH 3~4의 약산성이어야 한다.

4단계, 점도와 질감, 향 등을 선택한다

화학적 각질제거제는 토너, 젤, 로션, 크림 등 다양한 제형으로 나온다. 건성 피부는 취향에 따라 어떤 제형을 써도 상관없다. 하지만 지성 피부는 진한 제형을 바르면 모공이 막힐 수 있으므로 토너와 젤 제형이 무난하다. 향을 싫어하는 사람은 무향 제품을 선택하는 것이 좋겠지만 무향의 각질제거제는 성분 고유의 냄새가 오히려 거부감을 일으킬 수 있다. 향에 예민하다면 발라보고 결정하자.

5단계, 성분을 확인한다

2만 원대 중반~3만 원대 중반의 가격대에서 각질 제거 성분이 충분히 들어 있는 제품을 선택했다면 성분표를 보지 않아도 최종 선택을 할 수 있다. 이 가격대라면 다른 항산화 성분과 진정 성분도 충분히 들어 있을 것이다. 꼭 확인하고 싶다면 성분표에서 비타민C와 E계열의 항산화제와 녹차, 비자보롤, 감초, 알란토인, 캐모마일과 같은 진정 작용을 하는 식물 추출물을 찾아보자. 대부분의 식물 추출물이 항산화와 진정 작용을 동시에 한다.

좋은 화학적 각질제거제의 성분표

쥴레 물광 필링 스킨 부스터 AHA 6%

용량·가격	100ml · 45,000원
각질 제거 성분	락틱애씨드(5.96%), 말릭애씨드(0.01%), 글라이콜릭애씨드(0.01%)
항산화 성분	소듐락테이트, 글리세린
진정 성분	알란토인

티암 아우라 밀크 페이스 필링 토너

용량·가격	120ml · 29,000원
각질 제거 성분	락토바이오닉애씨드, 글루코노락톤, 락틱애씨드, 글라이콜릭애씨드, 살리실릭애씨드
항산화 성분	글리세린, 에칠아스코빌에텔, 판테놀
진정 성분	우유추출물, 비피다발효여과물

(해외) 라이페트리션 아젤라익애씨드 세럼
Lyfetrition Azelaic Acid Serum

용량·가격	360ml · 34.99달러
각질 제거 성분	아젤라익애씨드(10%)
항산화 성분	비타민E, 나이아신아마이드, 하이알루로닉애씨드, 비타민C, 판테놀
진정 성분	자몽씨추출물, 호호바오일, 알로에베라, 흰버드나무껍질추출물

각질을 지나치게 제거했다면

물리적 각질제거제를 선택했든, 화학적 각질제거제를 선택했든, 중요한 것은 처음 시작할 때는 최대한 자극 없이 순한 방식으로 해야 한다는 점이다. 피부가 어느 정도의 자극을 견디는지 알 수 없으므로 조심스럽게 접근해야 한다.

사용법과 주의사항

물리적 각질제거제를 선택했다면 최대한 손에 힘을 빼고 부드럽게 문질러야 한다. 처음에는 날마다 해서는 안 되고 3일에 한 번으로 시작해서 서서히 횟수와 강도를 늘리며 자신에게 알맞은 방식을 찾아야 한다.

화학적 각질제거제를 선택했다면 처음에는 낮은 함량부터 시도해야 한다. AHA는 5% 제품부터, BHA는 0.5% 제품부터 시도해보는 것이 좋다. 만약 이 이상의 제품을 샀다면 팔뚝이나 목에 발라 피부가 붉어지지 않는지 테스트를 해보고 사용해야 한다.

아젤라익애씨드는 pH가 달라져도 괜찮기 때문에 다른 제품에 섞어서 희석해 바를 수 있다. 낮은 농도로 바르다가 서서히 비율을 올리면서 자신에게 맞는 농도를 찾아보자.

피부에게 회복할 시간을 주자

만약 피부가 붉어지고 건조해졌다면 각질이 지나치게 제거되었다는 신호다. 이럴 때는 즉시 각질 제거를 중단해야 한다. 이 증상을 무시하고 각질을 계속 제거하면 껍질이 하얗게 벗겨지고 군데군데 건조한 부위가 생긴다. 심하면 피부 장벽이 무너져 접촉피부염이 생길 수도 있다. 따라서 조금이라도 신호가 보인다면 각질 제거를 중단하고 피부가 회복할 시간을 주어야 한다.

진정 작용이 있는 순한 모이스처라이저나 바셀린을 바르고 3~4일 정도 내버려 두면 피부는 저절로 회복된다. 이후 다시 각질 제거를 시작할 때는 빈도, 강도, 농도를 모두 낮춰야 한다.

자극 없이 깨끗하게 :
클렌저

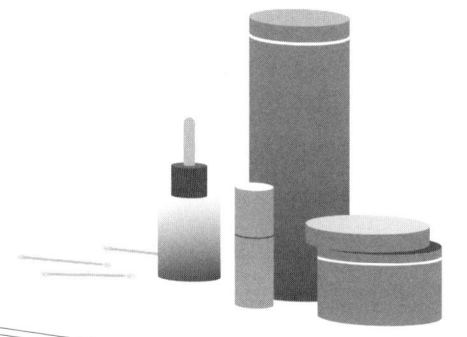

너무 복잡하고 어려운 클렌저의 세계

페이셜facial 클렌저는 얼굴을 깨끗하게 씻어주는 아주 간단한 기능을 하는 제품이다. 그러나 이것을 고르는 일은 그리 간단하지 않다. 종류가 많아 선택의 범위가 너무 넓고, 잘못된 정보도 너무 많기 때문이다.

사실 클렌저는 사용감만으로 간단하게 고를 수 있다. 직접 사용했을 때 피부를 깨끗하게 씻어주고 자극 없이 편안한 느낌을 준다면 그것으로 충분하다. 그러나 성분에 대한 온갖 소문과 전문가 및 환경단체 들이 퍼뜨린 잘못된 정보, 소비자들의 지나친 걱정과 기대가 선택의 장애물이 되고 있다. 좋은 클렌저를 찾기 위해서는 우선 지금까지 들어온 정보를 바로잡고 오해와 편견을 버릴 필요가 있다.

쓰면 안 되는 제품은 없다

성분표를 들여다보며 세정력이 좋다, 나쁘다, 피부에 순하다, 자극적이다를 가려낼 수 있을까? 절대 불가능하다. 제아무리 세정 성분에 대해 잘 아는 화학자라 해도, 클렌저를 만드는 화장품 개발자라 해도, 성분표만으로 제품의 효과와 자극 여부를 판단하는 것은 불가능하다.

세정력은 단순히 어떤 세정 성분이 들어 있느냐에 따라 결정되는 것이 아니다. 무엇이 얼마나 들어 있냐, 어떤 조합으로 들어 있냐, 무엇과 함께 들어 있냐에 따라 클렌저의 효과는 달라진다. 성분표는 무엇이 들어 있는지는 알려주지만 '얼마나' 들어 있는지는 알려주지 않는다.

더구나 클렌저에 들어 있는 향, 색소, 보존제(파라벤, 페녹시에탄올 등), 유화제(피이지, 피피지 계열) 등으로 착한 제품, 나쁜 제품을 가리는 것은 매우 잘못된 잣대다. 클렌저는 얼굴에 잠시 문질렀다가 물로 씻어낸다. 이런 성분들이 조금 들어 있다고 해도 피부에 영향을 줄 시간이 없다. 피부에 바르고 그냥 둬도 별 문제가 없는 성분들인데 잠시 문질렀다 씻어내는 제품에 들어 있는 것이 뭐가 문제일까?

화장품 회사들은 클렌저를 만들 때 여러 세정 성분과 유화제, 보습제, 진정제 등을 배합해 세정력과 보습의 적절한 균형점을 찾는다. 어떤 피부 타입을 겨냥하느냐에 따라, 또는 어떤 취향에 맞추느냐에 따라 여러 세정제가 선택되고 유화제와 보형제와 첨가물이 결정된다. 피부 타입과 취향에 따라 잘 맞느냐 맞지 않느냐가 있을 뿐, 절대로 써서는 안 되는 제품이나 나쁜 제품은 없다.

클렌저의 종류

페이셜 클렌저는 얼굴을 씻기 위해 고안된 모든 제품의 총칭이다. 세분화하면 다음과 같이 다양한 종류가 있다. 사람에 따라 한 가지만 사용할 수도 있고 두 가지 이상의 제품을 사용할 수도 있다.

비누
고체 형태로 생긴 클렌저다.

클렌저
물과 함께 사용하는 수용성 클렌저. 거품이 나는 것은 폼 클렌저, 포밍 클렌저 등으로 불린다. 리퀴드, 젤, 로션, 무스, 가루 등 다양한 제형의 제품이 있다.

클렌징 로션/크림/오일/밤
얼굴에 마사지한 뒤 티슈로 닦아내거나 물에 헹구는 지용성 클렌저. 오일 베이스라서 눈 화장, 입술 화장 등 포인트 메이크업을 지우는 데 유리하다.

아이 메이크업 리무버

포인트 메이크업을 지우는 용도의 클렌저. 주로 수성층과 유성층의 이중 구조로 되어 있다.

클렌징 워터

화장솜에 적셔 얼굴을 닦는 방식의 클렌저. 대부분 물에 헹구지 않아도 되지만 꼭 헹궈야 하는 제품도 있다.

미셀라 클렌징 워터

화장솜에 흠뻑 적셔 얼굴을 닦아내는 것으로 세안을 끝내는 제품이다. 피부에 남아도 되는 순한 세정제와 유화제를 넣기 때문에 헹굴 필요가 없다.

클렌징 와이프/클로스/패드

클렌징 워터나 미셀라 워터를 티슈나 패드에 적셔놓은 제품이다.

대체 무엇을 써야 할까?

이렇게 많은 클렌저 중 무엇을 써야 할지 고민이 될 것이다.

여러 조합이 있는데 정답은 없다. 개인의 필요와 취향에 따라 선택할 수 있다.

우선 화장의 정도를 생각하자. 화장을 거의 안 하거나 아주 약하게 한다면 제품 한 개만으로 세안을 끝낼 수 있다. 수용성 클렌저와 비누 중에서 하나를 선택하는 것이 일반적이다.

만약 아주 민감하고 건조한 피부라면 지용성 클렌저 중 하나를 선택하는 것도 방법이다. 즉, 클렌징 로션/크림/오일/밤 중 하나로 얼굴을 마사지한 뒤 물에 헹궈내는 것으로 세안을 끝내는 것이다. 지용성 클렌저는 오일과 유화제로 얼굴의 더러움을 녹여내는 원리라서 세정제가 아주 순한 것이 들어 있거나 아예 없는 경우가 많다. 그래서 자극 없이 얼굴을 씻어준다. 단, 오일이 피부에 과하게 남지 않도록 물에 잘 헹궈지는 제품을 골라야 한다.

화장을 중간 이상으로 한다면 두 개 이상의 제품이 필요할 수 있다. 보통 지용성 클렌저 한 가지와 수용성 클렌저 한 가지를 함께 사용하는 경우가 많다. 그러나 꼭 이 방법이어야 하는 것은 아니다. 사람에 따라 지용성 클렌저와 비누를 함께 사용할 수도 있고, 클렌징 워터와 수용성 클렌저 조합을 선호할 수도 있다. 또 눈 화장을 잘 지우기 위해 아이 메이크업 리무버를 추가로 사용할 수도 있다. 여러 방법을 시도해보고 자신에게 가장 편하고 좋은 방법을 선택하면 된다.

미셀라 워터는 하나쯤 마련해두면 유용하게 쓸 수 있는 제품이다. 밤에 세안을 할 수 없을 정도로 지쳤다면 미셀라 워터를 화장솜에 흠뻑 적셔 여러 번 닦아내는 것으로 세안을 대신할 수 있다. 아침에 출근 준비 시간을 줄이고 싶을 때도 이용할 수 있다. 미셀라 워터를 적셔놓은 클렌징 와이프/클로스/패드를 이용하면 더욱 편리하다.

세안하는 법도 중요하다

이중세안이 꼭 필요할까?

이중세안이란 지용성 클렌저로 얼굴을 마사지한 뒤 수용성 클렌저로 씻는 세안 방식을 뜻한다. 아주 오랫동안 우리는 화장을 지우려면 반드시 이중세안을 해야 한다는 말을 들으며 살았다. 거의 모든 사람이 이 말을 믿었다. 그래서 수용성 클렌저 하나와 지용성 클렌저 하나를 필수로 구입해 함께 사용해왔다.

그러나 사실 이것은 여러 제품을 한꺼번에 쓰게 만들기 위한 화장품 회사의 마케팅 전략이다. 수용성이든 지용성이든, 화장은 하나의 제품으로도 잘 지워진다. 다만 화장이 짙다면 한 번으로는 부족하기 때문에 두 번 씻어야 한다. 화장품 회사들은 두 번 씻으라고 말하지 않고 두 가지 제품을 쓰라고 우리를 세뇌시킨 것이다.

이중세안의 핵심은 두 개의 제품이 아니라 두 번을 씻는다는 데 있다. 향장학 분야에서 발표된 한 논문을 보면 진한 CC크림을 도포한 뒤 폼 클렌저로 한 번 씻었을 때 CC크림이 다 지워지지 않았다. 그러나 두 개의 폼 클렌저로 두 번을 씻었을 때와 클렌징 크림과 폼 클렌저로 이중세안을 한 경우에는 CC크림이 거의 모두 지워졌다. 무엇으로 씻든 두 번을 씻으면 잘 지워진다는 것을 보여준 것이다.[13]

따라서 우리는 이중세안의 고정관념에 갇혀 있을 필요가 없다. 단지 화장을 진하게 했을 때는 한 번의 세안으로는 부족하므로 두 번을 씻어야 한다는 인식만 갖고 있으면 된다. 하나의 제품으로 두 번을 씻든, 두 개의 제품으로 두 번을 씻든, 또는 이중세안을 하든, 각자 스스로 선택하면 된다.

자외선차단제를 깨끗이 지우려면

짙은 화장을 했을 때뿐만 아니라 자외선차단제를 발랐을 때도 두 번 세안하는 것이 좋다. 향장학자들의 여러 논문을 보면 자외선차단제나 BB크림, CC크림을 발랐을 때 한 번의 세안으로는 화장이 완벽하게 지워지지 않는 것을 알 수 있다. 특히 SPF가 높을수록 더 많은 잔여물이 피부에 남는다.[14]

이런 현상이 발생하는 이유는 자외선 차단 성분 자체가 끈끈하게 피부에 달라붙거나 번들거리는 기름 성분이기 때문이다. 게다가 바르는 양이 워낙 많기 때문에 일반적인 1회 분량의 클렌저로는 완벽하게 지우기 어렵다.

노화와 피부암의 위험이 부각되면서 자외선차단제 사용이 점점 중요시되고 높은 SPF의 제품을 바르는 것이 일반화되고 있다. 그런데 클렌저의 트렌드는 점점 더 순한 쪽으로 진화한다. 순한 클렌저로 단번에 자외선차단제를 깨끗이 지우기 바라는 것은 애초부터 불가능하다.

따라서 자외선차단제를 일상적으로 바른다면 두 번 씻는 것도 일상이 되어야 한다. 방법은 화장을 지우는 것과 똑같다. 어떤 방식으로든 두 번을 씻으면 된다. 한 가지 제품으로 두 번을 씻어도 좋고, 두 가지 제품으로 두 번을 씻어도 좋다.

한 번 세안으로 끝내는 방법

만약 두 번을 씻는 것이 너무나 귀찮다면 다른 방법이 있다. 바로 세안 장갑, 세안 브러시, 전동 브러시 등의 세안 도구를 이용하는 것이다.

세안 도구는 피부와 반복적으로 마찰함으로써 노폐물이 더 잘 떨어져 나오게 도와준다. 이때 각질까지 함께 제거해 피부가 보드라워지는 효과도 얻는다.

세안 도구를 사용할 때는 몇 가지 주의사항이 있다. 우선 매우 부드럽게 마찰되는 제품을 사용해야 한다. 거친 때수건이나 타월을 얼굴에 문지르면 상처가 날 수 있다. 부드러운 극세사, 스펀지 등이 좋다. 브러시를 사용한다면 모가 매우 부드러운 제품이어야 한다. 전동 브러시를 사용할 경우에는 회전 속도, 강도 등을 잘 조절해서 피부에 자극이 되지 않도록 해야 한다.

클렌저의 양도 중요하다. 피부에 붙어 있는 많은 양의 자외선차단제, 메이크업, 피지, 먼지 등을 단번에 지우려면 클렌저의 양이 많아야 한다. 보통 한 번 세안할 때 사용하는 양의 두 배 정도를 쓰는 것이 좋다.

세안 도구는 세정력을 높이는 매우 좋은 방법이지만 건성 피부, 민감성 피부에는 부담을 줄 수 있다. 피부장벽을 손상시켜 더 건조하게 만들 수 있기 때문이다. 조금이라도 피부가 붉어지거나 따가운 느낌이 든다면 세안 도구의 사용을 즉시 중단해야 한다.

비누를 고르는 방법

비누와 클렌저는 가장 흔히 사용되는 수용성 클렌저다. 페이셜 클렌저를 고를 때 우리는 가장 먼저 비누를 살지 클렌저를 살지 고민하게 된다. 과연 둘 중 무엇이 좋을까?

비누와 클렌저는 뭐가 다를까?

비누를 옹호하는 사람들은 비누에 화학 계면활성제가 없고 보존제와 같은 첨가물이 없어서 피부가 더 깨끗하게 씻긴다는 점을 강조한다. 클렌저를 옹호하는 사람들은 제품 선택의 범위가 훨씬 넓고 피부에 더 순하게 작용한다는 점을 강조한다.

우선 둘의 차이를 알아보자. 비누는 '비누화'라는 화학반응을 통해 만들어진다. 식물이나 동물의 기름에 물을 섞으면 오일이 가수분해되면서 글리세롤과 지방산이 생성된다. 여기에 흔히 가성소다라고 부르는 수산화나트륨(소듐하이드록사이드)을 넣으면 이것이 지방산과 반응해 응고하면서 알칼리 소듐염이 만들어진다. 이 알칼리 소듐염 때문에 비누는 강한 세정력과 pH 9~11의 높은 알칼리성을 띤다.

클렌저는 비누와 달리 여러 성분의 배합으로 만들어진다. 물과 기름에 세정제를 넣고 여러 가지 보습제와 점도조절제, 향, 보존제 등을 첨가해 만든다. 세정제는 공장에서 합성해 만들어진 것으로 이온의 계열에 따라 수많은 종류가 있다. 비누와의 결정적 차이는 pH를 조절할 수 있다는 점이다.

과연 둘 중 어떤 것을 쓰는 것이 좋을까? 과학은 클렌저의 손을 들어준다. 여러 실험을 통해 비누가 클렌저보다 각질층의 단백질을 더 많이 제거한다는 것이 증명되었기 때문이다. 이것은 세정력이 좋다는 의미이기도 하지만 피부장벽에 손상을 줄 수 있다는 의미이기도 하다. 이를 바탕으로 과학자들은 건조하고 예민한 피부, 피부장벽이 약한 피

부에는 비누가 자극적일 수도 있다는 결론을 내린다.[15]

실제로 클렌저 산업의 발전 과정을 보면 비누가 많은 사람에게 문제가 되었다는 것을 알 수 있다. 1920년대 출시된 폰즈의 '콜드크림Cold Cream'은 비누의 지나친 세정력 때문에 피부가 건조해지는 사람들을 위해 개발된 대체 세안제였다. 그때까지도 합성 계면활성제가 개발되지 않았기 때문에 모든 사람이 비누로 얼굴을 씻었다. 이로 인해 피부 건조를 호소하는 사람들이 늘었고 이에 대한 대안으로 클렌징 크림이 만들어진 것이다.

사람에 따라 비누의 청결한 향과 뽀드득하게 씻기는 강력한 세정력을 선호할 수 있다. 또한 오래 비누를 사용해도 아무 문제 없이 좋은 피부를 유지하는 사람도 있다. 따라서 무조건 비누가 나쁘다고 말하기는 어렵다. 다만 건조하고 예민한 피부, 쉽게 붉어지는 피부라면 비누보다는 클렌저가 훨씬 좋은 선택이라고 말할 수는 있다.

현재 비누를 애용하고 있고 피부에 아무 문제가 없다면 계속 비누를 사용해도 무방하다. 하지만 만약 피부가 예전보다 건조하고 붉어지는 느낌이 조금이라도 든다면 클렌저로 바꾸기를 권한다.

천연 비누도 화학제품이다

비누에 대해서 가장 헷갈리는 정보는 바로 천연 비누, 수제 비누에 관한 것이다. 천연 오일에 식물 추출물, 아로마오일 등을 넣어 사람의 손으로 직접 만들고 오랜 시간 숙성했기 때문에 일반 공장 비누와 다르고 합성 계면활성제가 들어 있는 클렌저와도 다르다고 주장한다.

그러나 천연 성분으로 만든다고 해서 비누가 달라지는 것은 아니다. 어떤 오일로 만들건 오일은 지방산으로 분해되어 알칼리 소듐염이 되기 때문에 별로 다를 것이 없다. 또한 아무리 천연 성분을 넣고 숙성을 해도 강력한 세정력과 높은 pH 때문에 피부를 건조하게 한다.

무엇보다도 수작업으로 직접 만든다고 해서 천연 세안제가 되는 것은 아니다. 비누는 공장에서 만들건 공방에서 만들건, 또는 집에서 만들건 엄연한 화학제품이다. 또한 그 안에 들어 있는 소듐염도 화학반응을 통해 탄생한 엄연한 화학 계면활성제다. 수제비누라는 이유로 더 순하고 효과적일 것이라는 기대는 접어야 한다.

비누처럼 보이는 클렌징 바

만약 세정력 때문에 비누를 선호하는 것이 아니라 고체 형태가 사용하기 편리해서 비누를 선호하는 것이라면 대안이 있다. 바로 클렌징 바다. 클렌징 바는 비누와 똑같이 생겼지만 화학적으로 비누가 아니다. 비누는 반드시 '비누화'라는 화학반응을 통해 만들어지며 이 과정에서 생성된 비누 소듐염이 세정제 역할을 한다. 클렌징 바는 비누화가 아니라 합성 계면활성제에 지방산, 물 등을 배합한 뒤 고형으로 굳혀서 만든다. 모양은 비누와 똑같지만 화학적 정체성은 클렌저다.

비누는 pH 9~11이지만 클렌징 바는 대체로 5~7 사이다. 그래서 피부를 순하게 씻어주면서 건조하게 하지 않는다. 얼굴용으로도 좋고 바디 클렌저로도 좋다. 머리가 길지 않다면 샴푸로도 무난하게 쓸 수 있다.

비누와 클렌징 바를 구분하기는 다소 까다롭다. 업체들도 정확히 구분하지 않고 용어를 혼용한다. 시중에는 비누인데도 클렌징 바, 모이스처라이징 바 등의 이름을 붙인 제품이 많고, 또 클렌징 바인데도 비누라고 이름을 붙인 제품도 많다. 대체로 '약산성'이라고 광고하는 제품은 비누가 아니라 클렌징 바일 확률이 높다. 그러나 일부 업체들은 알칼리성 비누를 약산성 비누라고 거짓 홍보하기도 한다. 정확히 구분하려면 성분표를 보는 방법밖에 없다.

비누의 성분표에는 지방산과 수산화나트륨이 결합해 생성된 소듐염이 반드시 첫 줄에 적혀 있다. 소듐팔메이트, 소듐팜커넬레이트, 소듐코코에이트, 소듐탈로우에이트, 소듐올리베이트, 소듐팔미테이트, 소듐올리에이트 등이 대표적이다.

클렌징 바의 성분표에는 합성 계면활성제인 소듐라우로일이세티오네이트, 소듐이세티오네이트, 소듐코코일이세티오네이트 등이 첫 줄에 등장하고 코카미도프로필베타인, 소듐도데실벤젠설포네이트, 소듐라우릴설페이트 등의 다른 세정제가 함께 있는 경우가 많다. 또 위에 열거한 비누 소듐염 성분이 같이 들어 있는 경우도 많다. 클렌징 바 안에 비누 소듐염이 들어 있는 이유는 중량을 높여 경비를 절감하기 위해서다. 어차피 pH 5~7로 맞춰지기 때문에 클렌징 바에 들어 있는 비누 소듐염은 세정력을 잃어버리므로 크게 신경 쓰지 않아도 된다.

문제는 비누를 판매하는 많은 업체가 성분표를 정직하게 공개하지 않는다는 점이다. 비누는 2019년까지 공산품으로 분류되어 화장품법의 적용을 받지 않았기 때문에 전성분을 표시할 의무가 없었다. 이 때문에 성분표를 공개하지 않는 경우가 압도적으로 많았고, 공개하더라도 듣기 좋은 성분만 적어내는 업체가 많았다. 특히 비누화 반응을 통해 생성된 세정 성분을 적지 않고 반응 이전의 원료를 적는 업체가 너무나 많다. 이렇게 하면 앞쪽에 식물성 오일의 이름이 먼저 나오고 계면활성제가 없는 것처럼 보여서 천연 제품으로 홍보하기에 유리하다. 2020년부터 비누가 화장품으로 전환되었으므로 이 문제가 개선되길 기대해본다.

성분을 제대로 밝힌 비누의 성분표

아이보리 오리지널

용량·가격	113g · 20개 패키지 · 12,000~20,000원
성분	소듐탈로우에이트, 소듐팔메이트, 정제수, 소듐코코에이트, 소듐팜커넬레이트, 글리세린, 소듐클로라이드, 향료, 코코넛애씨드, 팜커넬애씨드, 탈로우애씨드, 팜애씨드, 테트라소듐이디티에이

뉴 스웨덴 에그팩 요거트 & 에델바이스

용량·가격	50g·6개 패키지·10,000~19,000원
성분	소듐팔메이트, 소듐팜커넬레이트, 정제수, 올리브오일, 팜애씨드, 글리세린, 라우릴글루코사이드, 향료, 소듐클로라이드, 팜커널애씨드, 라놀린, 소듐락테이트, 레시틴, 테타라소듐이디티에이, 테트라소듐에티드로네이트, 티타늄디옥사이드, 다마스크장미꽃오일, 에델바이스추출물, 알부민, 요구르트

랑팔라투르 유기농비누 사봉드 마르세이유 벌트

용량·가격	300g·15,000원
성분	소듐올리베이트, 소듐팔메이트, 정제수, 소듐팜커넬레이트, 소듐클로라이드, 소듐하이드록사이드

성분을 제대로 밝히지 않은 비누의 성분표

아이소이 피부맑음, 착한 모이스춰 바

용량·가격 100g·19,800원

성분 올리브오일, 마카다미아씨오일, 살구씨오일, 코코넛야자오일, 알로에베라잎추출물, 소듐피씨에이, 베타인, 하이알루로닉애씨드, 정제수, 꿀추출물, 라벤더추출물, 백합꽃추출물, 쇠비름추출물

* 비누화 반응이 일어나기 이전의 성분을 열거하여 마치 세정 성분이 없는 것처럼 보인다. 비누에 반드시 들어가는 수산화나트륨(소듐하이드록사이드)이 누락되었다.

순녹 아쿠아 클렌징 바

용량·가격	85g·15,000원
성분	식물성글리세린, 지방산, 정제수, 바오밥추출물, 하이알루로닉애씨드, 세라마이드3, 나이아신아마이드, 알로에잎추출물, 올리브잎추출물, 아르간추출물, 라벤더오일

* 세정 성분이 없는 것처럼 보인다. '지방산'은 화장품에 사용되는 정확한 성분명이 아니다. 소듐하이드록사이드가 누락되었다.

시드물 병풀 흔적 수딩 바

용량·가격	100g·8,600원
성분	동백오일, 올리브오일, 호호바오일, 로즈힙오일, 병풀추출물(마데카소사이드, 아시아티코사이드, 마데카식애씨드, 아시아틱애씨드), 징크옥사이드, 글리세린, 코나코파, 슈크로오스, 가성소다

* 세정 성분이 없는 것처럼 보인다. '가성소다'는 화장품에 사용되는 정확한 성분명이 아니다.

클렌징 바의 성분표

세타필 젠틀 클렌징 바

용량·가격	127g·7,500원
성분	소듐코코일이세티오네이트, 스테아릭애씨드, 소듐탈로우에이트, 정제수, 소듐스테아레이트, 소듐도데실벤젠설포네이트, 소듐코코에이트, 피이지-20, 소듐클로라이드, 향료, 소듐이세티오네이트, 페트롤라툼, 소듐아이소스테아로일락틸레이트, 수크로오스코코에이트, 티타늄디옥사이드, 펜타소듐펜테테이트, 테트라소듐이디티에이

(해외) 유세린 어드밴스트 클렌징 소프 프리 바디 바
Eucerin Advanced Cleansing Soap-free Body Bar

용량·가격	99g·3개 패키지·10.49달러
성분	다이소듐라우릴설포석시네이트, 소듐코코일이세티오네이트, 세테아릴알코올, 글리세릴스테아레이트, 파라핀, 밀전분, 정제수, 코카미도프로필베타인, 시트릭애씨드, 피이지-150, 옥틸도데카놀, 티타늄디옥사이드, 라놀린알코올, 다이암모늄시트레이트

고은재 약산성 호호바 시어버터 비누

용량·가격	105g·17,000원
성분	소듐코코일이세티오네이트, 트레할로오스, 솔비톨, 실크아미노산, 유기유황, 애플계면활성제, 식물성글리세린, 바바수아미도프로필베타인, 호호바오일, 시어버터

클렌저처럼 보이는 물비누

비누처럼 보이는 클렌저가 있다면 클렌저처럼 보이는 비누도 있다. 바로 '리퀴드 소프liquid soap', 물비누다. 화학적으로 비누지만 액체 형태라서 클렌저로 오해하게 된다.

원래 비누는 오일과 물, 그리고 수산화나트륨의 반응에 의해 고체로 굳는다. 그런데 수산화나트륨 대신에 같은 강염기성 물질인 수산화칼륨(포타슘하이드록사이드)을 넣으면 고체가 아니라 액체로 비누화가 일어난다. 이 원리를 이용해 만들어진 제품이 바로 물비누다.

물비누는 고체 비누처럼 강한 세정력과 높은 알칼리성을 띤다. 사람에 따라 뽀드득한 느낌을 좋아할 수 있으며 일부 피지 분비가 많은 피부에는 잘 맞을 수도 있으나, 고체 비누와 마찬가지로 장기간 사용하면 피부를 건조하고 예민하게 만들 수 있다.

물비누와 클렌저를 구분하는 것도 성분표 외에는 방법이 없다. 성분표 앞쪽에 포타슘팔메이트, 포타슘팜커넬레이트, 포타슘코코에이트, 포타슘탈로우에이트, 포타슘올리베이트, 포타슘팔미테이트, 포타슘올리에이트 등의 포타슘염이 적혀 있으면 클렌저가 아니라 물비누다.

그런데 고체 비누와 마찬가지로 물비누도 성분을 정직

하게 표시하는 기업이 많지 않다. 비누화 반응 이전의 원료만 적어서 천연에 가까운 것처럼 오해를 유도하는 경우가 많다. 비누의 성분표는 고체든 액체든 반드시 비누화 반응 이후에 생성된 화학물질을 표시하도록 식약처가 가이드라인을 만들어야 한다. 그래야 약산성 클렌저를 원하는 소비자가 알칼리성 물비누를 사게 되는 일을 막을 수 있다.

주의해야 할 지방산 물비누

비교적 최근 등장한 제품 중에 물비누이긴 한데 지금까지와는 다른 물비누가 있다. 보통 물비누는 오일에 물을 넣어 가수분해를 유도한 뒤 여기서 나오는 지방산에 수산화칼륨(포타슘하이드록사이드)을 반응시켜서 칼륨염을 얻는다. 그런데 이 클렌저들은 오일을 쓰지 않고 지방산에 수산화칼륨을 직접 반응시킨다. 그 결과 전형적인 물비누는 아니지만 물비누와 비슷한 제품이 만들어진다. 지방산과 수산화칼륨이 반응해 칼륨염이 만들어지기 때문에 알칼리성을 띠며 세정력이 강하다. 업체들은 이런 제품에 '모공을 청소해준다', '미세먼지까지 지워준다' 등의 주장을 펼친다.

이 책에서는 편의상 이런 제품을 '지방산 물비누'라고

부르기로 하자. 지방산 물비누에 사용되는 지방산은 스테아릭애씨드, 라우릭애씨드, 미리스틱애씨드, 팔미틱애씨드 등이다. 화장품에는 주로 유화제, 연화제, 점증제로 사용되는 좋은 보습 성분이다. 여기에 강염기성 물질인 수산화칼륨을 반응시키면 포타슘스테아레이트, 포타슘라우레이트, 포타슘미리스테이트, 포타슘팔미테이트 등의 세정제가 생성된다. 화장과 피지를 말끔히 제거하는 높은 세정력이 있지만 장기간 사용하면 피부를 건조하고 예민하게 만들 수 있다. 지성 및 여드름 피부에는 일시적으로 도움이 될 수 있다. 그러나 건성 및 민감성 피부는 반드시 피해야 한다.

미세먼지까지 지워준다는 표현은 신경 쓰지 않는 것이 좋다. 일반적인 세안제로도 미세먼지를 지울 수 있기 때문이다. 단지 세정력이 강하지 않아서 두 번을 씻거나 이중세안을 할 필요가 있을 뿐이다. 미세먼지를 한 번에 제거하기 위해 피부를 건조하게 하는 강한 세안제를 쓰는 것보다는 순한 세안제로 두 번을 씻는 것이 낫다.

지방산 물비누도 오직 성분표를 통해서만 구분할 수 있다. 성분표 앞쪽에 지방산과 포타슘하이드록사이드가 함께 등장하거나 또는 포타슘염이 적혀 있다. 이것도 비누화 반응 이전의 원료를 적은 경우와 반응 이후의 생성물을 적은 경우가 섞여 있어서 소비자에게 혼란을 주고 있다.

성분을 제대로 밝힌 물비누의 성분표

페라슈발 마르세유 리퀴드 숍 올리브

용량·가격	500ml · 35,000원
성분	정제수, 포타슘코코에이트, 글리세린, 포타슘올리베이트, 하이드록시에틸셀룰로오스, 향료, 코코넛야자오일, 테트라소듐글루타메이트다이아세테이트, 올리브오일

르 꽁뚜아르 뒤뱅 오가닉 올리브 마르세유 숍 리퀴드

용량·가격	500ml · 45,000원
성분	정제수, 포타슘팜커넬레이트, 셀룰로오스검, 글리세린, 포타슘올리베이트, 폴리글리세릴-3카프릴레이트, 포타슘솔베이트, 포타슘벤조에이트, 테트라소듐글루타메이트다이아세테이트, 오일팜커넬오일, 리씨열매오일, 올리브오일, 시트랄

성분을 제대로 밝히지 않은 물비누의 성분표

닥터 브로너스 베이비 언센티드 퓨어 캐스틸 솝	
용량·가격	240ml · 12,500원
성분	정제수, 코코넛야자오일, 오일팜커넬오일, 포타슘하이드록사이드, 올리브오일, 삼씨오일, 호호바씨오일, 시트릭애씨드, 토코페롤
	* 비누화 반응 이후의 생성물을 적지 않아서 마치 계면활성제가 없는 것처럼 보인다. 실제로는 포타슘코코에이트, 포타슘팜커넬레이트, 포타슘올리베이트 등의 포타슘염이 들어 있다.

성분을 제대로 밝힌 지방산 물비누의 성분표

크리니크 린스-오프 포밍 클렌저

용량·가격 150ml · 32,000원

성분 정제수, 포타슘미리스테이트, 글리세린, 포타슘베헤네이트, 소듐메틸코코일타우레이트, 포타슘팔미테이트, 포타슘라우레이트, 포타슘스테아레이트, 피이지-3다이스테아레이트, 콜레스테릴하이드록시스테아레이트, 부틸렌글라이콜, 소듐하이알루로네이트, 트라이소듐이디티에이 등

(해외) 라 메르 더 클렌징 폼 La Mer the Cleansing Foam

용량·가격 125ml · 95달러

성분 정제수, 포타슘미리스테이트, 글리세린, 포타슘베헤네이트, 소듐메틸코코일타우레이트, 포타슘팔미테이트, 포타슘라우레이트, 포타슘스테아레이트, 석영, 토르말린, 연옥가루, 진주가루, 씨솔트, 휴믹애씨드, 소듐하이알루로네이트, 채찍산호추출물 등

성분을 제대로 밝히지 않은 지방산 물비누의 성분표

아이소이 센시티브 안티 더스트 클렌징 폼

용량·가격	100ml · 29,800원
성분	정제수, 스테아릭애씨드, 글리세린, 라우릭애씨드, 포타슘하이드록사이드, 미리스틱애씨드, 글리세릴스테아레이트, 아라키딜알코올, 베헤닐알코올, 아라키딜글루코사이드, 브로콜리싹추출물, 다시마추출물, 퉁퉁마디추출물, 모자반추출물, 우뭇가사리추출물 등

센카 퍼펙트 휩

용량·가격	120g · 8,900원
성분	정제수, 스테아릭애씨드, 피이지-8, 미리스틱애씨드, 포타슘하이드록사이드, 글리세린, 라우릭애씨드, 에탄올, 부틸렌글라이콜, 글리세릴스테아레이트에스아이, 폴리쿼터늄-7, 향료, 다이소듐이디티에이, 소듐벤조에이트, 소듐메타바이설파이트, 소듐하이알루로네이트, 세리신 등

수용성 클렌저를 고르는 4단계

비누가 아니라 수용성 클렌저를 사용하기로 결정했다면 어떤 제품을 골라야 할까?

우선 앞에서 설명한 물비누나 지방산 물비누는 제외해야 한다. 이들은 엄밀히 말해서 클렌저가 아니라 비누다. 비누를 사용하고 싶지 않다면 제외해야 한다.

거품에 대해 바로 알자

클렌저를 생각하면 사람들은 가장 먼저 거품을 떠올린다. 물에 섞어 손으로 비비면 풍부한 거품이 생기는 클렌저가 가장 일반적인 클렌저의 이미지다. 거품이 잘 나야 제대로 씻긴다고 생각하는 사람도 많다.

그러나 사실 거품은 세정력과 상관없다. 세정 성분 중에는 거품이 잘 나는 것도 있지만 나지 않는 것도 있다. 거품이 잘 나든 나지 않든, 잘 만들어진 클렌저는 얼굴의 더러움을 제거하는 데 아무런 문제가 없다. 풍부한 거품이 얼굴을 더 깨끗이 씻어준다고 광고하는 제품들은 그저 거품을 홍보 포인트로 이용하는 것일 뿐이다.

현재의 클렌저 트렌드를 살펴보면 대체적으로 지성·여드름 피부를 겨냥한 제품들이 풍부한 거품을 강조하는 경우가 많다. 거품이 많이 나면 세정력이 좋고 청결해진다는 이미지가 있기 때문에 이런 홍보 전략을 쓰는 것이다. 이러한 제품에는 거품이 잘 나는 세정 성분이 들어 있거나 별도의 거품형성제가 들어 있다.

거품이 나지 않는 젤 제형의 클렌저와 로션 제형의 클렌저 중에도 지성·여드름 피부에 좋은 제품이 많다. 거품이 꼭 나야 한다는 고정관념을 버리면 선택의 폭이 훨씬 넓어진다.

1단계, pH 5~7의 약산성 제품을 고른다

클렌저는 pH 5~7 사이의 약산성이 가장 좋다. 시중에 나오는 대부분의 제품이 약산성이다. 그러나 간혹 강한 세정력을 내세우는 지성용 제품 중에 pH 7~9에 맞춘 알칼리성 클렌저가 나오기도 한다. 써보고 문제가 없으면 사용해도 괜찮다. 그러나 장기적으로 이용할 경우 피부를 건조하게 할 수 있으므로 이왕이면 처음부터 약산성을 쓰는 것을 권한다.

클렌저를 고를 때는 사용감을 우선적으로 따져야 한다. 클렌저는 사용 후 아무것도 바르지 않아도 피부가 당기거나 조이지 않고 편안해야 한다. 물에 잘 헹궈져서 피부에 잔여물이 없어야 하고 뭔가 씌운 듯한 갑갑한 느낌도 없어야 한다. 개운하면서 편안한 느낌을 주는 클렌저가 가장 좋은 클렌저다. 제품을 구입하기 전에 사용 후기를 참조해 '피부가 전혀 당기지 않는다', '촉촉하다' 등의 표현이 우세한 제품을 고르는 것이 좋다.

2단계, 피부 타입에 맞는 제품을 고른다

많은 사람이 건성용과 지성용 클렌저의 차이가 성분에 있다고 생각한다. 그러나 성분표를 보고 건성용과 지성용을 구별할 수 있는 방법은 없다. 건성용도 지성용도 같은 종류의 세정제를 쓰고 함께 배합되는 보습제와 식물 추출물도 모두 같다. 단지 배합 비율이 달라서 어떤 것은 건성용이 되고 어떤 것은 지성용이 될 뿐이다.

오히려 건성용과 지성용을 구분할 수 있는 가장 확실한 방법은 제품의 이름이나 광고를 보는 것이다. 제품에 '여드름용', '지성용'이라고 적혀 있다면 그것은 세정력이 좀더 높고 보습 성분을 적당히 넣었다는 뜻이다. 반대로 '민감성용', '건성용'이라고 적혀 있다면 세정력을 적당히 낮추고 보습 성분을 많이 넣었다는 뜻이다.

또 제품의 이름에 '클리어clear', '딥클린deep clean', '밸런싱balancing', '오일 리듀싱oil reducing' 등이 적혀 있다면 지성용이고, '하이드레이팅hydrating', '모이스처라이징moisturizing', '카밍calming', '릴리프relief', '수딩soothing', '누리싱nourishing', '젠틀gentle' 등의 단어가 있다면 건성용이다. 화장품 회사들은 클렌저를 개발할 때부터 피부 타입의 범위를 분명히 정한다. 성분표로 판단하려고 애쓰는 것보다 업체가 제공하는 정보를 참고하는 것이 정확하다.

3단계, 취향에 맞는 제형을 선택한다

클렌저는 리퀴드, 젤, 로션, 크림, 무스, 가루 등 다양한 제형의 제품이 나온다. 보통 리퀴드와 젤은 오일 함량이 적기 때문에 지성에게 잘 맞고, 로션과 크림은 오일 함량이 많아서 건성에게 잘 맞는다고 알려져 있다. 대체로 그렇긴 하지만 반드시 그런 것은 아니다.

젤 형태의 클렌저 중에서도 건성 피부에 잘 맞는 제품

이 있고, 로션과 크림 형태의 클렌저 중에서도 지성용이 있다. 내 피부에 잘 맞는다면 젤이든 로션이든 제형은 중요하지 않다. 자신의 취향대로 선택하면 된다. 제형에 따라 효과를 구분하는 것보다는 어떤 피부 타입에 맞춰 개발되었는지 제품 정보를 참고해 고르는 것이 더 정확하다.

4단계, 200ml 기준 2만 원 이하의 제품을 고른다

클렌저의 가격은 브랜드별로 천차만별이어서 적정 가격을 가늠하기가 어렵다. 메이크업과 자외선차단제를 잘 지워주면서 피부에 순하게 작용하는 클렌저의 합리적 가격은 얼마일까?

    클렌저는 전혀 비쌀 이유가 없다. 사용감이 좋은 자외선차단제나 효과가 좋은 안티에이징 제품을 찾는다면 어느 기준 이상의 가격을 치러야 한다. 이런 제품들은 최신 기술이 적용된 좋은 성분과 높은 함량, 그리고 피부를 보호하는 여러 보습 성분, 항산화 성분, 진정 성분을 갖춰야 하기 때문에 가격이 올라가는 것이 당연하다.

    그러나 클렌저는 아니다. 클렌저의 기능은 그저 피부 위에 달라붙어 있는 물질들을 깔끔하게 제거하는 데 있다.

이를 위해서 세정 성분이 필요하고 부드러운 마사지를 도와주는 보형제와 피부에 촉촉함을 남겨줄 보습제, 그리고 진정 성분이 필요하다. 이 중 어느 것도 비싼 성분이 아니다.

물론 비싸게 만들려면 얼마든지 비싸질 수 있다. 예를 들어 식물 유래 세정 성분을 고집한다면 일반 합성 세정제보다 원료 값이 비싸다. 유기농 인증 성분을 고집한다면 값은 더욱 비싸진다. 여기에 값비싼 유기농 오일이나 한방 식물 추출물, 심지어 고가의 안티에이징 에센스에 넣는 항노화 성분, 항산화 성분까지 넣는다면 가격은 더욱 올라갈 것이다.

그러나 잠시 생각해보자. 클렌저는 얼굴에 문질렀다가 불과 30초 뒤면 씻어낸다. 곧바로 하수구로 흘러내려갈 성분을 클렌저 안에 잔뜩 넣어야 할 이유가 있을까?

예를 들어 비타민C, 하이알루로닉애씨드, 소듐하이알루로네이트, 소듐-피씨에이, 판테놀, 나이아신아마이드, 글루타믹애씨드, 글루타티온, 우레아 등의 성분은 매우 훌륭한 피부 보습 및 항산화 성분이지만 수용성이라서 헹구는 순간 물에 씻겨 사라진다. 단 30초의 보습을 위해 이 비싼 성분들을 클렌저 안에 넣는 것은 너무 허무하다.

레티놀, 아데노신, 펩타이드 등 세포 재생을 촉진하는 성분과 이데베논(하이드록시데실유비퀴논), 유비퀴논과 같은 값비싼 항산화 성분, 각종 아미노산도 클렌저에 넣기에는 너무 아깝다. 이런 성분들은 피부에 잘 남아서 좋은 작용을 해야 한다. 곧바로 헹궈낼 제품에 넣는 것은 낭비다.

여러 식물 추출물도 마찬가지다. 클렌저 안에 진정 작용을 하는 식물 추출물을 넣으면 세정 성분의 자극을 줄여준다. 그러나 너무 많이 넣을 필요도 없고 일부러 더 비싸고 희귀한 성분을 넣을 필요도 없다. 유기농이나 한방 추출물을 넣어야 할 이유는 더더욱 없다. 평범한 녹차나 캐모마일, 알로에, 알란토인, 감초뿌리추출물 정도면 충분하다.

보형제와 보습 성분들도 비쌀 필요가 없다. 글리세린과 부틸렌글라이콜, 카프릴릴글라이콜, 아크릴레이트코폴리머, 카프릴릭/카프릭트라이글리세라이드 등이면 충분하다. 값비싼 유기농 오일, 세라마이드, 오메가산, 토코페롤 등은 과잉이다.

현재 시중에는 레티놀, 세라마이드, 이데베논, 하이알루로닉애씨드 등을 넣은 클렌저 제품이 대세다. 희귀한 식물 추출물, 유기농 성분을 잔뜩 넣고 고가의 가격표를 달고 있는 제품도 많다. 대부분이 피부에 순하게 작용하는 좋은 클렌저이지만 굳이 그렇게 비싼 성분들을 넣을 필요는 없다. 과잉 성분을 뺀다면 가격이 훨씬 저렴해질 것이다.

클렌저는 어떤 가격대로도 잘 만들 수 있으므로 가격

의 범위보다는 상한선을 두는 것이 좋겠다. 과잉 성분을 자제하면서 여러 세정 성분을 순하게 배합하고 부드러운 보형제와 효과적인 진정 성분을 충분히 넣었다고 할 때 상한선은 200ml 기준 2만 원 정도가 적당하다. 2만 원 이하의 가격 내에서 내 피부에 맞는 합리적인 제품을 얼마든지 고를 수 있다.

순한 지성·여드름 피부용 클렌저의 성분표

(해외) 아크네닷오알지 클렌저 Acne.org Cleanser

용량·가격	236ml · 약 8달러
성분	정제수, 피이지-80솔비탄라우레이트, 코카미도프로필베타인, 소듐트리데세스설페이트, 글리세린, 소듐라우로암포아세테이트, 피이지-150다이스테아레이트, 소듐라우레스-13카복실레이트, 다이소듐코코암포다이아세테이트, 부틸렌글라이콜, 살비아추출물 등

제로이드 핌프로브 젤 클렌저

용량·가격	180ml · 28,000원
성분	정제수, 다이소듐코코일글루타메이트, 데실글루코사이드, 소듐라우릴글루코사이드하이드록시프로필설포네이트, 다이소듐코코암포다이아세테이트, 프로판다이올, 글리세린, 소듐락테이트 등

순한 건성·민감성 피부용 클렌저의 성분표

닥터지 약산성 클렌징 젤 폼

용량·가격	200ml · 22,000원
성분	정제수, 포타슘라우레스포스페이트, 글리세린, 포타슘코코일글루타메이트, 아크릴레이트/C10-30알킬아크릴레이트 크로스폴리머, 부틸렌글라이콜, 아스파틱애씨드, 소듐코코일글루타메이트, 라우릴하이드록시설테인, 코코-글루코사이드, 카프릴릴글라이콜, 글리세릴카프릴레이트, 폴리글리세릴-10라우레이트, 오렌지껍질오일 등

더샘 더마 플랜 젤 투 폼 클렌저

용량·가격 180ml · 12,000원

성분 정제수, 티이에이-코코일글루타메이트, 소듐코코일알라니네이트, 라우릴하이드록시설테인, 소듐라우로일메틸아미노프로피오네이트, 아크릴레이트코폴리머, 다이프로필렌글라이콜, 다이소듐코코암포다이아세테이트, 소듐클로라이드 등

클렌저 속 논란 성분 총 정리

소듐라우릴설페이트

클렌저를 선택할 때 전문가들이 가장 먼저 주의를 주는 성분이 소듐라우릴설페이트다. 이 성분이 눈을 자극하고 피부에 남아서 트러블을 일으키고 체내로 흡수되어 암을 일으킬 수 있는 발암물질이라는 이유에서다.

그러나 이는 모두 사실이 아니다. 이것은 천연화장품 회사들과 환경단체가 퍼뜨린 괴담에 몇 가지 과학 논문이 짜깁기되어 만들어진 불량 정보다.

소듐라우릴설페이트가 피부에 자극이 되는 것은 사실이다. 그러나 이것은 어디까지나 물질 자체의 독성을 바탕으로 하는 이야기다. 피부를 부식하는 성질이 약간 있는 물질이지만 그것은 높은 농도로 오랫동안 바르고 씻어내지 않았을 경우 일어나는 일이다. 화장품에서 소듐라우릴설페이트는 주로 세정제로 사용되기 때문에 피부에 잠깐 문지른 뒤 씻어낸다. 화장품에 사용되는 방식을 고려하지 않고 독성만으로 자극적이라 판단하는 것은 옳지 않다.

체내로 흡수되어 암을 일으킬 수 있다는 말은 아무 근거 없는 괴담이다. 몇 십 초 문지른 뒤 금방 씻어내는 성분이 피부에 얼마나 남을 것이며, 그중 얼마나 체내로 흡수될 수 있을까? 미국 화장품성분검토회CIR는 "이 성분은 주로 클렌저로 사용되기 때문에 체내까지 흡수될 수 있는 양은 너무나 적으며 설사 흡수되더라도 빠르게 대사되어 소변으로 빠져나온다"고 말한다.[16]

소듐라우릴설페이트가 다른 성분보다 세정력이 높아서 피부를 건조하게 할 여지가 있다는 건 어느 정도 사실이다. 그러나 이것 역시 양을 줄이고 보습 성분을 잘 배합하면 사라지는 문제다. 실제로 시중에는 적은 양의 소듐라우릴설페이트를 첨가해 피부에 부담을 주지 않으면서 거품이 잘 나게 하고 물에 잘 씻기게 하는 순한 클렌저가 너무나 많다. 단지 성분표에 이 성분이 적혀 있다고 해서 자극적인 클렌저라고 판단하는 것은 합리적 사고가 아니다.

재차 강조하건대, 클렌저에서 정말 중요한 것은 '개별 성분'이 아니라 '사용 후 느낌'이다. 사용 후 피부가 전혀 건조하지 않고 편안하다면 그것만으로도 좋은 클렌저다. 소듐라우릴설페이트가 들어 있어도 아무 상관이 없다.

소듐라우릴설페이트가 함유된 순한 클렌저의 성분표

세타필 젠틀 스킨 클렌저

용량·가격	473ml · 17,000원
성분	정제수, 세틸알코올, 프로필렌글라이콜, 소듐라우릴설페이트, 스테아릴알코올, 메틸파라벤, 프로필파라벤, 부틸파라벤

* 지방알코올에 소량의 소듐라우릴설페이트를 첨가해 물에 잘 헹궈지는 순한 클렌저를 만들었다. 건성·민감성 피부를 위해 개발된 매우 순한 클렌저다. 단, 세정력이 약하다는 평가가 우세하다.

(해외) 올레이 에이지 디파잉 클래식 페이셜 클렌저 Olay Age Defying Classic Facial Cleanser

용량·가격	200ml · 6.99달러
성분	정제수, 피피지-15스테아릴에터, 글리세린, 스테아릴알코올, 세틸베타인, 살리실릭애씨드, 다이스테아릴다이모늄클로라이드, 소듐라우릴설페이트, 하이드레이티드실리카, 세틸알코올, 스테아레스-21, 베헤닐알코올, 피피지-30, 향료, 다이소듐이디티에이

* 순한 유화제에 소량의 세정제를 넣어 자극 없이 피부를 씻어준다. 소듐라우릴설페이트는 잘 헹궈지도록 돕는 역할을 한다.

소듐라우레스설페이트

소듐라우레스설페이트는 소듐라우릴설페이트와 이름이 비슷해서 같은 성분으로 오해를 받지만 별개의 성분이다. 같은 라우릭애씨드 계열의 설페이트지만 지방알코올의 함량이 더 많고 분자구조가 달라서 훨씬 순한 세정력을 띤다.

이 성분이 합성되는 과정에서 발암물질인 1,4-디옥산이 생성된다는 말은 EWG가 퍼뜨린 불량 정보다. 실제로는 원료 회사들이 이미 오래전에 새로운 제조기술을 도입해 1,4-디옥산의 생성을 최소화했다.

1,4-디옥산은 배합 금지 성분이고 검출한도 100피피엠으로 관리된다. 또한 화장품법의 '화장품 원료 규격 가이드라인'에 따라 소듐라우레스설페이트 속의 1,4-디옥산은 60피피엠 이하로 순도 규격이 정해져 있다. 원료 회사들은 이 규격에 맞춰 원료를 만들고 화장품 제조사들은 원료를 들여올 때 순도를 체크한다. 또 제품을 출시하기 전에 품질검사를 해 1,4-디옥산의 잔류량을 한 번 더 체크한다. 법이 정한 함량을 벗어난 제품이 시장에 나올 가능성은 매우 낮다.

2008년 미국 식품의약국이 시중에 유통되는 화장품을 수거해 1,4-디옥산 수치를 검사한 결과 제품의 80%에서 검출되지 않았으며 가장 많이 검출된 것도 12피피엠에 불과

했다. 2017년 유럽 소비자안전과학위원회의 조사에서도 대부분이 검출되지 않았고 검출된 제품의 평균 검출량도 불과 10피피엠 안팎이었다.[17]

무엇보다도 화장품 속 발암물질이 체내로 흡수되어 암을 일으킬 확률은 우리가 술과 담배로 암을 얻을 확률보다 수천수만 배 낮다. 화장품 성분의 발암 확률은 과학자들이 충분히 검토해 안전성을 확인했고 지금도 열심히 재검토하고 있다. 의미 없는 발암물질 불량 정보에 휘둘리지 말고 편안한 마음으로 화장품을 골랐으면 한다.

소듐라우레스설페이트가 함유된 순한 클렌저의 성분표

원플러 퍼스널 핸드워시 투데이 1

용량·가격	75ml · 14,000원
성분	정제수, 소듐라우레스설페이트, 글리세린, 아크릴레이트코폴리머, 시트릭애씨드, 향료, 판테놀, 악마의발톱뿌리추출물, 로즈마리잎추출물, 마트리카리아꽃추출물, 불가리스매자뿌리추출물 등

* 핸드용으로 나왔지만 매우 순해서 페이셜용으로 손색이 없다. 모든 피부에 적합하다.

(해외) 아비노 포지티블리 래디언트 스킨 브라이트닝 데일리 스크럽 Aveeno Positively Radiant Skin Brightening Daily Scrub

용량·가격	140g · 10.99달러
성분	정제수, 글리세린, 소듐라우레스설페이트, 하이드로제네이티드캐스터오일, 라우릴글루코사이드, 피이지-16소이스테롤, 아크릴레이트/C10-30알킬아크릴레이트크로스폴리머, 페녹시에탄올 등

* 소듐라우레스설페이트를 비롯해 여러 순한 세정제를 배합해 자극 없이 씻어준다. 호호바 비즈가 순하게 각질을 제거한다.

피이지, 피피지

피이지는 '폴리에틸렌글라이콜'의 준말이고 피피지는 '폴리프로필렌글라이콜'의 준말이다. 두 성분은 에틸렌옥사이드 합성으로 만들어지는 중합체, 즉 폴리머다. 화장품에는 여러 성분과 결합해 용제, 세정제, 유화제, 유연제, 점도증가제 등으로 사용된다.

그런데 이 성분이 합성 과정에서 발암물질인 1,4-디옥산을 생성하고 피부 흡수율을 높이는 성분이라서 위험하다는 주장이 제기되었다. 일부 전문가들까지 이런 주장을 그대로 퍼뜨리면서 피이지, 피피지 합성 물질이 들어 있는 화장품이면 무조건 배척하는 사람들이 많아졌다.

그러나 이것은 완전히 잘못된 생각이다. 피이지, 피피지는 화장품의 각질층 흡수율을 아주 약간 높여주는 성분일 뿐이다. 각질층 흡수는 영어로 '페니트레이션penetration'이고 체내 흡수는 영어로 '앱솝션absorption'이다. 피이지, 피피지는 '페니트레이션 인핸서penetration enhancer', 즉 각질층 흡수율 강화제일 뿐, 체내 흡수율과는 관련이 없다. 페니트레이션을 체내 흡수로 잘못 해석한 전문가들이 잘못된 정보를 퍼뜨린 것이다.

발암물질인 1,4-디옥산에 대한 주장도 앞서 소듐라우

레스설페이트의 경우처럼 지나친 우려다. 1,4-디옥산은 배합 금지 성분이고 검출량 100피피엠 이하로 법의 규제를 받는다. 원료의 생산 단계에서부터 1,4-디옥산은 충분히 제거되며 소량이 남는다 해도 다른 성분과의 합성을 거치면서 함량은 더욱 적어진다. 게다가 화장품에 들어가는 피이지, 피피지 성분의 함량은 보통 1~2%고 많아봤자 10% 정도다. 클렌저 안에 들어 있으면 그마저도 피부에 잠시 머물렀다가 금방 씻겨나간다. 성분표에 '피피지-2/피이지-8 코코에이트'와 같은 세정제가 적혀 있다고 해서 과연 우리에게 노출되는 1,4-디옥산이 얼마나 될까?

피이지, 피피지는 그저 화장품에 들어가는 수많은 계면활성제의 하나일 뿐이다. 이것이 흔히 쓰이는 이유는 다른 오일이나 지방산, 유연제, 세정제 등과 결합이 잘되어 화장품의 안정화를 돕고 피부에 자극을 주지 않으면서 사용감을 향상시키기 때문이다. 근거 없는 불량 정보 때문에 멀쩡한 성분이 기피되는 일은 없어야 한다.

피지, 피피지 계열 성분이 함유된 순한 클렌저의 성분표

아크웰 버블 프리 pH 밸런싱 클렌저

용량·가격 250ml · 26,000원

성분 정제수, 피이지-7글리세릴코코에이트, 다이프로필렌글라이콜, 에탄올, 피이지-11메틸에터다이메티콘, 벤질알코올, 아크릴릭애씨드/포스포릴콜린글라이콜아크릴레이트크로스폴리머 등

차앤박 퍼펙트 배리어 세라 클렌저

용량·가격 120ml · 15,000원

성분 정제수, 소듐코코일이세티오네이트, 부틸렌글라이콜, 소듐라우로일글루타메이트, 피이지-8, 스테아릭애씨드, 코카미도프로필베타인, 피이지-150다이스테아레이트, 소듐클로라이드 등

(해외) 유세린 레드니스 릴리프 수딩 클렌저 Eucerin Redness Relief Soothing Cleanser

용량·가격	200ml · 10.49달러
성분	정제수, 글리세린, 소듐라우레스설페이트, 아크릴레이트/C10-30알킬아크릴레이트크로스폴리머, 피이지-40하이드로제네이티드캐스터오일, 소듐메틸코코일타우레이트, 피이지-7글리세릴코코에이트, 데실글루코사이드 등

티이에이, 디이에이, 엠이에이

티이에이(트라이에탄올아민)와 디이에이(다이에탄올아민), 엠이에이(모노에탄올아민)는 모두 에틸렌옥사이드에서 유래한 에탄올아민이다. 여러 오일, 지방산, 폴리머 등과 결합해 세정제, 유화제, 점증제, 피막형성제 등으로 두루 사용된다.

그런데 이 물질이 아민 계열이어서 화장품에 배합되었을 때 다른 성분과의 화학작용에 의해 발암물질인 니트로사민을 형성할 수 있다는 문제가 제기되었다. 현재 많은 전문가가 이 계열의 성분들을 무조건 피하라고 조언하고 있다.

그러나 이 역시 지나친 주장이다. 화장품 회사들은 아민류나 아마이드류를 함유하고 있는 제품에는 니트로사민을 형성할 가능성이 있는 성분을 함께 배합하지 않는다. 화장품법의 '화장품 안전기준 등에 대한 규정'에 그렇게 정해져 있다.[18]

또한 티이에이 화합물은 트리알킬아민 또는 트리알카놀아민 계열의 염류로 분류되어 바르는 제품과 사용 후 씻어내는 제품 모두에 2.5%의 배합 한도가 적용된다. 그리고 디알킬아마이드, 디알카놀아마이드류와 모노알킬아민, 모노알카놀아민의 염류들은 아민 함량이 0.5% 이하여야 한다는 원료 규격 제한이 있다. 대부분의 디이에이와 엠이에이

이 성분들이 이 적용을 받는다.

　이렇게 아민 함량을 제한하고 사용량도 제한하고 니트로사민이 생성될 가능성이 있는 물질을 함께 배합하는 것도 금지하기 때문에 화장품에서 니트로사민이 만들어질 확률은 매우 희박하다. 수천만 분의 1도 안 되는 확률 때문에 멀쩡한 성분을 기피하고 그 성분이 들어간 모든 제품을 나쁜 제품으로 낙인찍는 일들이 하루빨리 사라지길 바란다.

티이에이, 디이에이, 엠이에이 계열 성분이 함유된 순한 클렌저의 성분표

DHC 페이스 워시

용량·가격   200ml · 33,000원

성분   정제수, 라우라마이드디이에이, 다이소듐라우리미노다이아세테이트, 라우라민옥사이드, 다이소듐라우릴설포석시네이트, 소듐코코암포아세테이트, 티이에이-코코일글루타메이트 등

뉴스킨 클리어 액션 포밍 클렌저

용량·가격   100ml · 42,000원

성분   정제수, 티이에이-코코일글루타메이트, 돌콩오일, C12-15알킬벤조에이트, 펜탄, 참깨오일, 카보머, 살리실릭애씨드, 폴리아크릴아마이드, 트라이에탄올아민 등

트리클로산

트리클로산은 다양한 균의 번식을 제한하는 효과적인 살균보존제다. 그런데 이 성분이 치약과 구중청량제를 통해 몸으로 흡수될 수 있고, 또 피부 흡수율이 높아서 바디로션처럼 전신에 바르는 제품에 들어갈 경우 위험할 수 있다는 문제가 제기되었다. 각각의 제품은 위험하지 않지만 여러 제품을 함께 쓸 경우 노출량이 많아져서 인체 발암성을 높일 수 있다는 의견이 하나둘 발표되었다.

이에 따라 유럽연합이 먼저 사용 제한 조치에 들어갔다. 씻어내는 제품류와 데오도란트, 페이스 파우더, 컨실러 등에 한해서만 0.3%까지 허용한다. 치약에는 0.3% 이하, 구중청량제에는 0.2% 이하만 허용한다.

우리나라는 2016년 더 엄격한 조치를 취했다. 치약과 구중청량제에는 아예 사용을 금지했다. 화장품에는 사용 후 씻어내는 클렌저류와 데오도란트, 그리고 컨실러에 한해서만 0.3%까지 허용한다. 치약과 구중청량제는 물론이고 바르고 놓아두는 거의 대부분의 화장품에 사용을 금지했기 때문에 많은 양에 노출될 가능성이 사라졌다.

2017년 식약처가 실시한 트리클로산 위해평가에 따르면 트리클로산이 최대 함량으로 들어 있는 샤워젤, 항균비누, 아이 메이크업 리무버, 데오도란트, 컨실러를 날마다 평생 함께 사용해도 안전역이 539에 이른다. 안전역이 539라는 것은 안전에 필요한 최소한의 조건보다 위해평가에 사용된 시나리오가 539배 더 안전하다는 뜻이다.[19]

트리클로산은 과다 노출되면 위험한 성분인 것은 틀림이 없다. 그러나 화장품에는 이런 위험이 잘 통제되고 있다. 극히 소량이 제한적으로 사용되고 있으므로 성분표에 적혀 있다고 해서 겁먹을 필요는 없다. 더구나 클렌저에 들어 있는 트리클로산은 물에 씻겨 금방 사라진다. 체내로 흡수될 가능성은 매우 낮다.

트리클로산이 함유된 순한 클렌저의 성분표

셀퓨전씨 안티 B.A.C. 클렌징 젤

용량·가격	180ml · 36,000원
성분	정제수, 코카미도프로필베타인, 소듐라우레스설페이트, 티이에이-라우릴설페이트, 소듐코코일사코시네이트, 라우라마이드디이에이, 티이에이-코코일글루타메이트, 티이에이-라우로일글루타메이트, 소듐미리스토일글루타메이트, 레시틴, 사카라이드아이소머레이트, 하이알루로닉애씨드, 페닐트라이메티콘, 라피노오스, 메틸파라벤, 트리클로산 등

레파차지 하이드라 메틱 페이스 워시 포밍 젤 클렌저

용량·가격 177ml · 49,000원

성분 정제수, 코카미도프로필베타인, 부틸렌글라이콜, 라우릴글루코사이드, 다이소듐라우로암포다이아세테이트, 녹차추출물, 아크릴레이트/C10-30알킬아크릴레이트크로스폴리머, 루이보스잎추출물, 포피리듐/징크발효물, 트리클로산 등

코카미도프로필베타인

코카미도프로필베타인은 몇 년 전까지만 해도 코코넛에서 유래한 천연 유래 계면활성제로 환영받던 성분이다. 그런데 최근 들어 이 성분이 알레르기를 유발하고 발암물질이 들어 있다는 말이 퍼지면서 급격히 나쁜 성분으로 인식이 바뀌고 있다.

이 성분이 알레르기를 일으킬 수 있는 것은 맞다. 제조 과정에서 다이메틸아미노프로필아민과 아미도아민이 불순물로 생성될 수 있기 때문이다. 이 두 물질은 잘 알려진 알레르기 유발 물질이다. 그러나 실질적으로 이 성분은 주로 바른 뒤 씻어내는 제품에 사용되기 때문에 알레르기가 발생하는 사례는 극히 드물다. 또한 알레르기는 그 물질에 알레르기가 있는 사람에게만 발생한다. 매우 적은 소수의 알레르기 사례를 이유로 모든 사람에게 이 성분을 쓰지 말라고 하는 것은 지나친 주장이다.

또한 코카미도프로필베타인이 함유된 클렌저를 쓴 이후에 염증이 났다고 해서 그것이 이 성분 때문이라고 단정할 수 없다. 클렌저에는 수십 가지 성분이 들어 있다. 염증을 일으킨 것은 다른 성분일 수도 있다. 또한 클렌저가 아니라 다른 화장품 때문일 수도 있고, 화장품이 아니라 다른 물질이 원인일 수도 있다. 피부는 워낙 수많은 물질에 노출되므로 단순한 짐작이나 추론만으로 결론을 내려서는 안 된다.

정확히 어떤 물질 때문인지 알려면 병원에서 패치 테스트를 받아봐야 한다. 패치 테스트 결과 다이메틸아미노프로필아민이나 아미도아민에 양성반응을 보인다면, 코카미도프로필베타인이 문제의 원인일 확률이 매우 높다. 이런 사람들은 이 성분이 들어 있는 클렌저를 쓰지 않아야 한다.

알레르기가 없다면 코카미도프로필베타인은 전혀 피할 필요가 없는 매우 훌륭한 성분이다. 세정력은 좀 부족하지만 거품을 잘 나게 하면서 피부에 순하게 작용하기 때문에 유아용 클렌저에 넣어도 손색이 없다. 또한 2010년 미국 화장품성분검토회가 이 성분 속의 불순물을 좀더 확실히 제거하도록 권고한 이후로 원료 업계는 불순물을 최소화한 코카미도프로필베타인을 생산하고 있다. 현재 과학자들은 원료의 규격에 불순물 함량을 설정하는 방안을 검토 중이다.

알레르기가 두려워서 알레르기가 발생할 가능성이 있는 모든 물질을 피하는 것은 현명한 태도가 아니다. 오히려 내가 어떤 물질에 알레르기가 있는지 정확히 알려면 모든 성분을 가리지 않고 다 발라봐야 한다. 정확히 알고 그 성분만 피하는 것이 모든 알레르기 물질을 기피하는 것보다 훨씬 살기 편하다.

코카미도프로필베타인이 함유된 순한 클렌저의 성분표

일리윤 세라마이드 아토 6.0 탑투토워시

용량·가격	500ml · 14,900원
성분	정제수, 코카미도프로필베타인, 솔비톨, 다이소듐라우레스설포석시네이트, 코카마이드메틸엠이에이, 소듐클로라이드, 다이소듐코코암포다이아세테이트, 코카마이드엠이에이 등

코스알엑스 약산성 굿모닝 젤 클렌저

용량·가격	150ml · 9,000원
성분	정제수, 코카미도프로필베타인, 소듐라우로일메틸이세티오네이트, 폴리솔베이트20, 때죽나무가지/열매/잎추출물, 부틸렌글라이콜, 스키조사카로미세스발효여과물, 삼나무잎추출물 등

시드물 효소 클렌징 젤	
용량·가격	150ml · 9,800원
성분	정제수, 코카미도프로필베타인, 다이소듐코코암포다이아세테이트, 티이에이-코코일글루타메이트, 글리세린, 황금추출물, 모란뿌리추출물, 스페인감초뿌리추출물 등

살리실릭애씨드

살리실릭애씨드는 앞서 각질제거제에서 설명했던 BHA 성분이다. AHA와 더불어 피부 각질을 순하게 제거할 수 있는 성분으로 잘 알려져 있다. 그런데 EWG가 이 성분에 유해도 점수 4점을 매기고 여러 전문가가 자극적이라고 말하면서 인식이 급격히 나빠지고 있다.

살리실릭애씨드는 각질을 제거하는 효능을 가진 성분인 만큼 함량이 높거나 자주 사용할 경우 부작용을 유발할 수 있다. 또한 각질이 제거된 피부는 자외선에 민감하게 반응할 수 있다. 따라서 이 성분을 안전하게 사용하려면 함량이 너무 높아서는 안 되고 자주 사용해서도 안 된다. 그리고 반드시 자외선차단제를 꼼꼼하게 발라야 한다.

이러한 몇 가지 주의사항만 잘 지킨다면 살리실릭애씨드는 피부에 아주 유익한 성분이다. 특히 각질 때문에 피지분비가 원활하지 않고 모공이 잘 막히는 여드름 피부에 큰 도움이 된다. 실제로 살리실릭애씨드를 효능 성분으로 하는 여드름 치료용 외용제가 의약품으로 많이 개발되어 있다.

함량에 대해서도 크게 걱정할 필요 없다. 미국은 이 성분에 함량 제한이 없어서 무려 20%에 이르는 고함량 제품들이 화장품으로 유통된다. 그러나 유럽연합은 바디로션, 아이섀도, 마스카라, 아이라이너, 립스틱, 데오도란트 등에는 사용이 금지되어 있고 나머지 바르는 제품에는 2%, 씻어내는 제품에는 3% 이하로 사용을 제한하고 있다. 우리나라는 더욱 엄격하다. 바르는 제품, 씻어내는 제품 모두에 0.5%로 사용을 제한한다. 특히 금방 씻어내는 제품인 클렌저에 0.5%가 들어 있다면 자극이 될 가능성은 매우 낮다.

오히려 우리는 클렌저 속의 살리실릭애씨드가 과연 각질 제거에 효과가 있을지에 의문을 가져야 한다. 많은 화장품 회사가 클렌저 속에 이 성분을 넣고 '각질을 제거해준다'라고 광고한다. 기능성 화장품 인증을 받아서 '여드름 완화에 도움을 준다'라고 광고하는 제품들도 있다. 그러나 살리실릭애씨드가 각질 제거 효과를 내려면 피부에 바른 뒤 약간의 시간이 필요하며 정확한 pH도 필요하다. 반드시 pH 3~4 사이여야 한다. 클렌저는 30초 정도 문지른 뒤 씻어내는 제품이고 대체로 pH 5~7 사이로 만들어지기 때문에 효과를 발휘하기 어렵다. 각질 제거를 위해서 살리실릭애씨드를 바르고 싶다면 클렌저보다는 이 성분이 0.5% 함유된 토너나 젤, 로션 등을 구입하는 것이 낫다.

클렌저 속의 살리실릭애씨드는 전혀 두려워할 성분이 아니다. 관심이 가는 제품이 있는데 살리실릭애씨드가 들어 있다고 기피할 필요는 없다. 써보고 판단하면 된다.

살리실릭애씨드가 함유된 순한 클렌저의 성분표

닥터자르트 컨트롤에이 티트리먼트 클렌징 폼

용량·가격	120ml · 18,000원
성분	티트리잎추출물, 정제수, 다이소듐라우레스설포석시네이트, 소듐코코일글루타메이트, 메틸프로판다이올, 1,2-헥산다이올, 아크릴레이트/C10-30알킬아크릴레이트크로스폴리머, 병풀추출물, 무화과추출물, 녹차추출물, … 살리실릭애씨드 등

포인트 마일드 AC 릴리프 클렌저

용량·가격	500ml · 20,000원
성분	정제수, 다이소듐라우레스설포석시네이트, 글리세린, 코카마이드메틸엠이에이, 라우릴하이드록시설테인, 소듐코코일글리시네이트, 소듐코코일알라니네이트, 다이소듐코코일글루타메이트, 판테놀, 티트리잎오일, … 살리실릭애씨드 등

차앤박 에이클린 퓨리파잉 포밍 클렌저

용량·가격	150ml · 26,000원
성분	정제수, 소듐라우레스설페이트, 코코-베타인, 코코-글루코사이드, 코카미도프로필베타인, 소듐시트레이트, 티이에이-코코일글루타메이트, 폴리솔베이트20, … 살리실릭애씨드 등

지용성 클렌저의 원리와 용도

지용성 클렌저는 두 가지 용도로 사용할 수 있다. 하나는 메이크업과 자외선차단제를 잘 지우기 위한 이중세안 용도로 쓰는 것이고, 다른 하나는 건성·민감성 피부를 위한 단독 세안제로 쓰는 것이다.

보통 수용성 클렌저는 세정 성분과 물의 힘으로 오염물질을 제거한다. 반면에 지용성 클렌저는 오일로 오염물질을 녹여 피부로부터 분리시킨다. 세정 성분이 들어 있지 않거나 아주 약한 수준으로만 첨가되기 때문에 피부에 달라붙어 있는 물질들을 매우 순하게 제거해주면서 피부장벽에 부담을 주지 않는다. 지성·여드름 피부만 아니라면 가볍게 씻는 아침용 세안제로도 매우 훌륭하다.

단순히 세정력만 따진다면 지용성 클렌저가 수용성 클렌저보다 우수하다. 특히 진한 바탕 화장과 포인트 메이크업을 지우는 기능, 자외선차단제를 지우는 기능은 지용성 클렌저가 더 낫다. 그러나 물에 완벽하게 씻기지 않고 피부 표면에 오일을 남긴다는 단점이 있다. 피부 타입에 따라 단독으로 사용할 수 있지만 반드시 다른 제품과 함께 써야 할 수도 있다.

대표적인 오해 두 가지

첫째, 합성 오일보다 천연 오일이 좋다?

지용성 클렌저의 주성분은 오일이다. 많은 사람이 합성 오일보다는 천연 오일이 들어 있는 제품이 피부에 더 순할 거라고 생각한다. 과연 그럴까?

그렇지 않다. 피부에는 천연 오일도 순하고 합성 오일도 순하다. 화장품에 사용되는 합성 오일은 모두 철저한 위해 평가를 거친 것이다. 피부 자극이 낮고 발암성이나 피부 흡수율에서 문제가 없다는 사실이 입증되었다. 오히려 합성 오일은 질감이 산뜻해서 사용감을 가볍게 만들어준다.

만약 피부에 바르고 놓아두는 보습 성분으로서 평가한다면 합성 오일보다 천연 오일이 좀더 영양학적으로 우수하다고 말할 수 있다. 그러나 클렌저 속의 오일은 얼굴에 문질렀다가 곧 씻어낸다. 단지 피부 위에 달라붙어 있는 물질을 제거하기 위한 용도이기 때문에 어떤 오일이든 기능에는 크게 상관없다. 천연이냐 합성이냐를 따지기보다는 사용감과 물에 잘 헹궈지는지 여부로 판단해야 한다.

둘째, 미네랄오일은 무조건 피해야 한다?

지용성 클렌저에는 미네랄오일이 들어 있는 제품이 많다. 미네랄오일은 원유에서 유래한 싸구려 오일이라는 이유로 반드시 피해야 한다는 말이 널리 퍼져 있다. 이 때문에 미네랄오일이 들어 있는 제품이라면 무조건 기피하는 사람이 많다.

그러나 원유에서 유래했다고 해서 순하지 말라는 법은 없다. 사실 미네랄오일은 세상에서 가장 순한 오일이다. 식물오일도 순하지만 미네랄오일은 그보다 더 순하다. 식물오일 안에는 다양한 지방산과 항산화 성분, 색소, 향 등이 들어 있기 때문에 일부 아주 예민한 피부에는 자극이나 알레르기를 일으킬 여지가 있다. 반면에 미네랄오일 안에는 아무것도 없다. 오직 탄소와 수소 원자가 사슬 모양으로 연결된 무색, 무미, 무취의 단순한 물질이다. 그래서 미네랄오일은 알레르기 패치 테스트를 할 때 테스트 물질을 희석해 담아내는 용제로 사용된다. 그만큼 알레르기를 일으킬 확률이 세상에서 가장 낮다는 뜻이다.

또한 미네랄오일은 화상 환자의 환부에 바를 수 있는 가장 안전한 오일이다. 전 세계 아기들이 바르는 베이비오일의 주성분이 미네랄오일이라는 사실만 생각해봐도 이것이 나쁜 성분이라는 주장은 사실이 아님을 알 수 있다.

많은 전문가가 미네랄오일을 피해야 할 이유로 '다핵방향족탄화수소PAH'라는 불순물을 꼽는다. 불순물이 충분히 제거되지 않은 저급의 미네랄오일이 사용될 수 있다는 것이다. 그러나 몇 가지 사실만 확인해도 이 주장은 잘못되었다는 것을 알 수 있다. 화장품법에 따라 미네랄오일은 오직 식품·의약품용과 같은 규격만 사용될 수 있다. 화장품에 사용되는 미네랄오일은 '대한민국약전'의 규격과 동일하며, '식품첨가물공전'의 규격과도 동일하다. 미네랄오일의 다핵방향족탄화수소 잔존치도 '화장품 원료규격 가이드라인'에 따라 최소한으로 정해져 있다. 2016년 캐나다 보건부가 시중에 유통되는 미네랄오일 제품을 수거해 다핵방향족탄화수소 잔존치를 조사한 결과 모든 제품이 1피피엠 미만이었다. 백분율로 따지면 0.0001%다.

미네랄오일은 원유에서 유래했다는 것 외에는 아무런 죄가 없다. 사실 원유에서 유래한 것도 고정관념만 버리면 아무 문제가 없다. 물질에는 귀천이 없다. 우리는 어떤 물질에서도 좋은 화장품 성분을 얻을 수 있다.

천연 오일이 함유된 좋은 지용성 클렌저의 성분표

마녀공장 퓨어 클렌징 오일

용량·가격	200ml · 29,000원
성분	돌콩오일, 유럽개암씨오일, 솔베스-30테트라올리에이트, 포도씨오일, 올리브오일, 카프릴릭/카프릭트라이글리세라이드, 스쿠알란, 아이소아밀라우레이트 등

순녹 센시티브 클렌징 밀크

용량·가격	200ml · 20,000원
성분	정제수, 해바라기씨오일, 글리세린, 세테아릴알코올, 1,2-헥산다이올, 판테놀, 글리세릴스테아레이트, 아라키딜알코올, 데실글루코사이드 등

산다화 순한 클렌징 동백 오일	
용량·가격	200ml · 32,000원
성분	동백나무씨오일, 카놀라오일, 해바라기씨오일, 폴리글리세릴-4올리에이트, 피마자씨오일, 동백나무꽃추출물, 카프릴릭/카프릭트라이글리세라이드, 올리브오일, 마카다미아넛오일, 녹차씨오일, 로즈힙열매오일 등

합성 오일이 함유된 좋은 지용성 클렌저의 성분표

설화수 순행 클렌징 오일

용량·가격	200ml · 42,000원
성분	C12-15알킬벤조에이트, 펜타에리스리틸테트라에틸헥사노에이트, 아이소프로필팔미테이트, 펜타에리스리틸테트라아이소스테아레이트, 카프릴릭/카프릭트라이글리세라이드, 피이지-20글리세릴트라이아이소스테아레이트, 피이지-8아이소스테아레이트, 코코넛야자오일 등

헤이미쉬 올 클린 밤

용량·가격	120ml · 18,000원
성분	에틸헥실팔미테이트, 세틸에틸헥사노에이트, 피이지-20글리세릴트라이아이소스테아레이트, 폴리에틸렌, 피이지-8아이소스테아레이트, 시어버터, 코코넛야자열매추출물 등

한스킨 클렌징 오일 & 블랙헤드

용량·가격 300ml · 22,000원

성분 카프릴릭/카프릭트라이글리세라이드, 피이지-8글리세릴아이소스테아레이트, 세틸에틸헥사노에이트, 아이소프로필팔미테이트, 폴리부텐, 에틸헥실팔미테이트, 피이지-8아이소스테아레이트 등

미네랄오일이 함유된 좋은 지용성 클렌저의 성분표

(해외) 비오레 퍼펙트 클렌징 오일 Biore Perfect Cleansing Oil

용량·가격	150ml · 23달러
성분	미네랄오일, 피이지-12라우레이트, 아이소도데케인, 정제수, 아이소프로필팔미테이트, 사이클로펜타실록세인, 폴리글리세릴-2아이소스테아레이트, 데실글루코사이드 등

어퓨 딥 클린 클렌징 오일

용량·가격	160ml · 7,500원
성분	미네랄오일, 피이지-8글리세릴아이소스테아레이트, 아이소프로필미리스테이트, 세틸에틸헥사노에이트, 소듐바이카보네이트, 탄산수 등

토니모리 프로클린 소프트 셔벗 클렌저

용량·가격	90g · 9,500원
성분	미네랄오일, 세틸에틸헥사노에이트, 피이지-20글리세릴트라이아이소스테아레이트, 폴리에틸렌, 피이지-8아이소스테아레이트, 바바수씨오일 등

닥터랩 액티브 자임 밀크 클렌저

용량·가격	120ml · 26,000원
성분	정제수, 미네랄오일, 프로필렌글라이콜, 사이클로펜타실록세인, 폴리솔베이트80, 글리세릴스테아레이트, 피이지-100스테아레이트 등

지용성 클렌저를 고르는 2단계

1단계, 물에 잘 헹궈지는 제품을 고른다

지용성 클렌저에는 로션, 크림, 오일, 밤 등 다양한 제형이 있다. 어떤 제형을 택하든 큰 차이는 없다. 모든 지용성 클렌저는 그 안에 천연 오일이나 합성 오일이 들어 있으며 유화제와 약간의 세정제가 들어 있다. 다만 물이 얼마나 첨가되느냐에 따라 로션, 크림, 오일, 밤으로 제형이 달라질 뿐이다. 클렌징 로션과 클렌징 크림에는 물이 좀 들어 있고, 클렌징 오일과 클렌징 밤에는 물이 전혀 들어 있지 않다.

중요한 것은 제형이 아니라 물에 얼마나 잘 헹궈지느냐다. 지용성 클렌저는 오일 성분이 위주가 되는 제품이기 때문에 물에 헹궈도 일부 오일이 피부에 남는다. 이때 너무 많이 남지 않도록 도와주는 것이 유화제와 세정제, 즉 계면활성제다.

계면활성제란 하나의 분자 안에 물을 좋아하는 친수성 부분과 물을 싫어하는 소수성(또는 친유성) 부분을 동시에 갖고 있어서 서로 다른 두 물질의 경계면에 변화를 줄 수 있는 물질을 뜻한다. 같은 계면활성제이지만 수용성 클렌저에서 작용하는 방식과 오일 클렌저에서 작용하는 방식이 조금 다르다.

수용성 클렌저의 경우 물과 결합되면 계면활성제가 자기들끼리 서로 뭉치면서 공 모양의 입자를 형성한다. 이 공은 겉은 친수성이고 속은 소수성인 상태로 물속에 잘 흩어져 있다가 다른 물질의 표면에 닿는 순간 안쪽의 소수기가 이동해 기름기와 노폐물을 빨아들인 후 공 안에 가둔다. 바로 이 공 모양의 입자를 '미셀micelle'이라고 부른다. 클렌저를 물에 녹여 얼굴에 문지르면 미셀 입자가 노폐물을 빨아들이고, 물에 헹구면 다시 물과 결합해 얼굴로부터 떨어져나가는 것이 수용성 클렌저의 원리다.

지용성 클렌저는 반대로 작용한다. 즉, 오일 속에서는 계면활성제가 소수기와 친수기의 위치가 바뀐 '역미셀reverse micelle'을 형성한다. 얼굴에 문지르면 역미셀 입자의 바깥쪽 소수기가 피부의 노폐물을 녹여서 분리하고 물과 닿는 순간 안쪽의 친수기가 이동해 물에 잘 헹궈지게 된다.

따라서 좋은 지용성 클렌저의 핵심은 물과 닿는 순간 잘 녹아서 헹궈지는 것이다. 세안이 끝난 뒤에는 피부에 뭔가 남은 느낌 없이 개운하면서 촉촉해야 한다. 지용성 클렌저를 고를 때는 제품의 상세 설명과 리뷰를 참조해 물에 잘 녹는지 여부를 우선 살펴야 한다.

계면활성제 입자의 구조

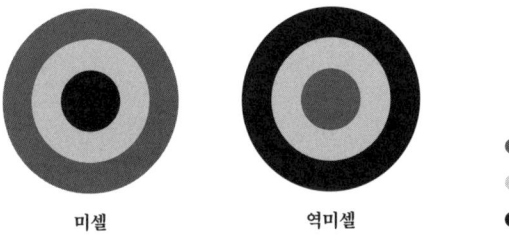

미셀   역미셀

● 친수기
● 소수기
● 노폐물

물속에서 형성되는 공 모양의 계면활성제 입자를 미셀이라고 하고 오일 속에서 형성되는 계면활성제 입자를 역미셀이라고 한다.

2단계, 200ml 기준 3만 원 이하의 제품을 고른다

수용성 클렌저와 마찬가지로 지용성 클렌저도 비싼 성분이 들어가야 할 이유가 없다. 클렌징 로션/크림/오일/밤은 그저 얼굴에 달라붙어 있는 물질들을 잘 녹이고 물에 잘 씻겨 떨어져나가도록 하면 그뿐이다. 값비싼 유기농 오일, 식물 추출물, 한방 성분 등은 클렌저의 가격을 올리는 역할을 할 뿐 성능과는 관계가 없다.

특히 레티놀, 아데노신, 나이아신아마이드, 세라마이드, 하이알루로닉애씨드, 이데베논, 유비퀴논 등이 들어 있는 것은 성분 낭비다. 이런 고가의 안티에이징 성분들은 피부에 바르고 흡수시켜야 의미가 있지 금방 씻어내는 제품에 넣는 것은 아무 의미가 없다.

사실 이런 성분이 클렌저의 성분표에 적혀 있다고 해서 큰 의미를 부여할 필요가 없다. 대개는 아주 적은 양을 넣고 대단한 성분이 들어 있는 것처럼 홍보에 이용할 뿐이다.

보존제를 넣지 않았다, 향료와 색소를 넣지 않았다 등등의 광고 문구도 신경 쓰지 말자. 보존제를 넣지 않으려면 대체 보존제를 써야 하고, 그 역시 가격을 높이는 원인이 된다. 향료와 색소도 넣지 않기 위해서는 원료의 선택과 가공에서 또 다른 공정이 필요하고 그 역시 가격을 높인다.

물론 특정 보존제에 알레르기가 있거나, 눈가가 예민해서 향료가 눈을 따갑게 한다면 보존제가 없고 향료가 없는 제품을 찾아야 할 것이다. 그러나 대부분의 사람에겐 해당하지 않는다. 더욱이 클렌저는 금방 씻어내는 제품이므로 성분에 너무 집착하고 예민하게 접근할 필요가 없다.

그렇다면 쓸데없이 비싼 성분을 넣지 않고 피부에 순하게 작용하는 지용성 클렌저의 합리적인 가격은 얼마일까? 시장에서 형성된 현재의 가격을 볼 때, 200ml 기준 3만 원 이하 제품을 찾는 것이 가장 합리적이다. 가격이 싸다고 해서 품질이 나쁜 것이 아니므로 아주 저렴한 제품을 써도 문제가 없다.

물론 좀더 고급스러운 향에 자연에 가까운 좋은 원료로 가득하길 바란다면 높은 가격의 제품을 살 수도 있다. 내가 제시한 '200ml 기준 3만 원 이하'라는 가격은 합리적 쇼핑을 원하는 사람들을 위한 기준일 뿐이다. 각자의 경제적 능력과 취향, 가치관 등을 반영해 마음에 꼭 드는 제품을 찾기 바란다.

중저가의 지용성 클렌저의 성분표

하다라보 고쿠쥰 오일 클렌징

용량·가격	200ml · 19,500원
성분	에틸헥실팔미테이트, 트라이에틸헥사노인, 솔베스-30테트라아이소스테아레이트, 피이지-20글리세릴트라이아이소스테아레이트, 올리브오일, 정제수, 덱스트린팔미테이트, 비에이치티, 호호바씨오일 등

메이크프렘 세이프 미 릴리프 모이스처 클렌징 밀크

용량·가격	200ml · 24,000원
성분	정제수, 올리브오일, 잇꽃씨오일, 아이소펜틸다이올, 글리세린, 글리세릴스테아레이트, 데실글루코사이드, 아라키딜알코올, 1,2-헥산다이올, 콩단백질 등

더페이스샵 미감수 브라이트 클렌징 크림

용량·가격	200ml · 8,000원
성분	정제수, 미네랄오일, 아이소프로필미리스테이트, 피이지-8, 다이프로필렌글라이콜, 다이카프릴릴에터, 세테아릴알코올, 다이메티콘, 피이지-100스테아레이트 등

원플러 슈퍼 클리어 클렌징 오일

용량·가격	390ml · 39,000원
성분	피이지-7글리세릴코코에이트, 정제수, 에틸헥실팔미테이트, 다이프로필렌글라이콜, 솔베스-30테트라아이소스테아레이트, 다이페닐실록시페닐트라이메티콘, 아르간커넬오일, 호호바씨오일 등

고가의 지용성 클렌저의 성분표

달팡 아로마틱 클렌징 밤 위드 로즈우드

용량·가격	40ml · 60,000원
성분	하이드로제네이티드폴리데센, 올레익/리놀레익/리놀레닉폴리글리세라이즈, 글리세린, 하이드록시스테아릭, 솔비탄올리에이트, 피이지-10 라우레이트, 피이지-100스테아레이트, 글리세릴베헤네이트, 폴리글리세릴-10베헤네이트, 데실글루코사이드 등

파뮤 엑스트라오디네리 뷰티 클렌징 밤

용량·가격	50g · 45,000원
성분	글리세린, 올리브오일, 에틸헥실팔미네이트, 다이글리세린, 수크로오스스테아레이트, 폴리글리세릴-10베헤네이트, C12-14파레스-12, 비즈왁스, 세테아릴알코올, 정제수 등

바비브라운 수딩 클렌징 오일

용량·가격	200ml · 65,000원
성분	아이소프로필팔미테이트, 펜타에리스리틸테트라에틸헥사노에이트, 피이지-20글리세릴트라이아이소스테아레이트, 아이소헥사데칸, 트라이아이소스테아린, 트라이에틸헥사노인, 피이지-12다이아이소스테아레이트, 쿠쿠이나무씨오일, 알파-비사보롤, 호호바씨오일 등

아이 메이크업 리무버를 고르는 2단계

눈 화장에 사용되는 아이라이너, 마스카라 등에는 여러 합성 오일과 워터프루프 성분이 쓰이기 때문에 깨끗이 지우려면 이론적으로 강한 세정제가 필요하고 반복적인 마찰이 필요하다. 그러나 강한 세정제는 연약한 눈가 피부에 자극이 되고 반복적인 마찰은 눈에 들어갈 확률을 높이기 때문에 매우 위험하다.

세정제 없이, 반복적인 마찰도 없이, 눈 화장을 조심스럽게 지울 수 있는 방법은 없을까? 이런 고민 끝에 고안된 것이 바로 아이 메이크업 리무버다.

아이 메이크업 리무버가 대부분 수성층과 유성층의 이중 구조로 만들어지는 이유가 여기에 있다. 다른 클렌저에는 세정제와 유화제가 들어 있어서 물과 오일이 하나로 섞인다. 그러나 아이 메이크업 리무버는 눈에 자극이 없어야 하기 때문에 세정제와 유화제가 전혀 들어 있지 않거나 아주 약한 수준으로만 들어 있다. 그래서 물과 오일이 섞이지 않는다. 대신에 사용하기 전에 흔들어서 억지로 이 둘을 섞어줘야 한다. 이렇게 물리적인 방법을 이용해 순간적으로 유화를 해서 화장솜에 적신 뒤 눈 위에 올려놓으면 세정제와 유화제 없이도 눈 화장을 잘 지울 수 있다.

아이 메이크업 리무버는 어떤 성분을 얼마나 어떻게 넣어 만드는지도 거의 정해져 있다. 수성층에는 용해를 돕는 프로판다이올이나 부틸렌글라이콜, 보습 작용을 하는 글리세린, 진정 작용을 하는 알로에, 비사보롤, 녹차추출물, 그리고 폴록사머184나 피이지 계열의 아주 약한 계면활성제가 들어간다. 유성층에는 주로 파라핀계 탄화수소류나 실리콘 오일이 들어간다. 천연 오일을 쓰지 않는 이유는 눈 화장에 사용되는 워터프루프 성분들이 대부분 합성 오일이라서 같은 합성 오일을 쓰는 것이 더 잘 지워지기 때문이다. 물론 눈에 대한 자극도 합성 오일이 덜하다.

눈 화장을 별로 하지 않거나 약하게 하는 사람에게 아이 메이크업 리무버는 그다지 필요하지 않다. 그러나 평소에 잘 지워지지 않는 아이라이너와 워터프루프 마스카라를 사용하고 인조 속눈썹을 즐겨 붙인다면 아이 메이크업 리무버를 기본으로 갖춰야 한다. 눈은 아주 예민하기 때문에 최대한 섬세하게 다뤄야 한다. 자극 없이 순하게 화장을 지우는 것은 주름을 예방할 뿐만 아니라 시력을 보호하는 데도 매우 중요하다.

1단계, 눈가가 매우 예민하다면 성분을 확인한다

아이 메이크업 리무버는 대체로 모든 제조사가 순하게 잘 만든다. 그러나 아주 예민한 사람들에게는 그 안에 들어 있는 향료, 에센스 오일, 식물 추출물 등의 성분이 트러블을 일으킬 수 있다. 아이 메이크업 리무버를 쓰고 트러블이 난 적 있다면 무향이면서 에센스 오일이 들어 있지 않고 강한 향기를 내는 식물 추출물이 없는 제품으로 선택하는 것이 좋겠다.

2단계, 100ml 기준 1만 5,000원 이하의 제품을 고른다

아이 메이크업 리무버는 거의 정해진 배합 공식이 있는 품목이라서 제품 간의 차이가 거의 없다. 단지 진정 성분을 무얼 쓰느냐와 향에서 차이가 날 뿐이다. 비싼 식물 추출물, 고급스러운 향을 사용한 제품은 그만큼 가격이 높다. 또한 합성 보존제를 쓰지 않고 천연 보존제로 대체한 제품들도 가격이 올라간다. 그러나 이런 제품이 눈 화장을 더 잘 지워주는 것도 아니고 더 순한 것도 아니다. 합리적인 가격을 원한다면 100ml 기준 1만 5,000원 이하면 충분하다.

향료, 에센스 오일, 향이 강한 식물 추출물이 없는
아이 메이크업 리무버의 성분표

포인트 딥클린 립앤아이 리무버

용량·가격	140ml · 10,900원
성분	정제수, 사이클로펜타실록세인, 아이소프로필팔미테이트, 미네랄오일, 헥실렌글라이콜, 드럼스틱씨오일, 코코넛야자열매추출물, 소듐클로라이드, 다이카프릴릴카보네이트, 벤질알코올 등

식물나라 꼼꼼 쌀겨수 립앤아이 리무버

용량·가격	220ml · 9,800원
성분	정제수, 사이클로펜타실록세인, 아이소헥사데칸, 다이프로필렌글라이콜, 아마씨추출물, 쌀겨수, 쌀겨오일, 쌀발효여과물, 락토바실러스/콩발효추출물, 알로에베라잎폴리사카라이드 등

폴라스초이스 젠틀 터치 메이크업 리무버

용량·가격	127ml · 25,000원
성분	정제수, 사이클로테트라실록세인, 사이클로펜타실록세인, 아이소헥사데칸, 부틸렌글라이콜, 글리세린, 알로에베라잎즙, 비사보롤, 유차나무잎추출물, 폴록사머184 등

합리적인 가격의 아이 메이크업 리무버의 성분표

라네즈 립 & 아이 리무버 워터프루프

용량·가격	150ml · 17,000원
성분	정제수, 사이클로펜타실록세인, 헥실렌글라이콜, 1,2-헥산다이올, 소듐클로라이드, 라우릴메틸글루세스-10 하이드록시프로필다이모늄클로라이드, 카프릴릴/카프릴글루코사이드 등

폰즈 클리어 훼이스 스파 립 앤 아이 메이크업 리무버

용량·가격	120ml · 9,900원
성분	정제수, 사이클로펜타실록세인, 아이소헥사데칸, 아이소도데케인, 헥실렌글라이콜, 소듐클로라이드, 다이소듐이디티에이, 폴록사머184, 페녹시에탄올 등

미샤 퍼펙트 립앤아이 메이크업 리무버	
용량·가격	155ml · 4,000원
성분	정제수, 사이클로펜타실록세인, 사이클로헥사실록세인, 부틸렌글라이콜다이카프릴레이트/다이카프레이트, 다이프로필렌글라이콜, 아이소헥사데칸, 소듐클로라이드, 해수 등

클렌징 워터, 미셀라 클렌징 워터를 고르는 3단계

클렌징 워터와 미셀라 클렌징 워터의 차이는 뭘까? 화장품 회사들은 이 둘이 다른 것처럼 말하지만 원리와 성분을 볼 때 이 둘은 같다. 단지 클렌징 워터는 제품에 따라 물로 헹궈야 하는 경우가 있고, 미셀라 클렌징 워터는 처음부터 헹굴 필요가 없도록 고안되었다는 것이 다르다.

두 품목의 성분은 정제수에 몇 가지 용제, 계면활성제, 식물 추출물, 그리고 보존제로 구성되어 있다. 클렌징 기능은 용제와 계면활성제가 담당한다. 여기서 계면활성제는 유화제와 유연제, 그리고 매우 약한 수준의 세정제다. 이들은 물속에서 친수기를 겉으로 하고 소수기를 안으로 한 공 모양의 미셀 입자를 형성하고 있다. 패드에 묻혀 얼굴을 닦는 순간 안쪽의 소수기가 이동해 노폐물을 패드에 흡착해낸다. 이름만 다를 뿐, 클렌징 워터와 미셀라 클렌징 워터는 모두 물속에 수없이 많은 미셀 입자가 들어 있는 클렌저다.

1단계, 순하고 화장이 잘 지워지는 제품을 고른다

클렌징 워터와 미셀라 클렌징 워터의 최대 장점은 물 없이 간단하게 화장을 지우고 세안까지 끝낼 수 있다는 점이다. 밤은 물론 바쁜 아침에도 시간을 절약할 수 있게 도와준다. 또 세수하기 싫어하는 어린이도 쓱쓱 문질러 쓸 수 있다.

그러나 단점도 있다. 유화제와 아주 순한 수준의 세정제로만 이루어지기 때문에 진한 화장을 지우기에는 부족하다. 여러 번 닦아내야 하고 짙은 눈 화장은 아예 지우기 어렵다.

화장을 진하게 하지 않는다면 사용 후기를 참조해 선택하면 된다. 피부에 순하고 화장이 잘 지워진다는 평이 우세한 제품을 고른다.

2단계, 피부가 예민하다면 강한 세정제가 들어 있는지 확인한다

간혹 피부에 남으면 좋지 않은 강한 세정제가 들어 있는 경우가 있다. 물론 아주 양이 적어서 대부분은 문제가 되지 않는다. 그러나 예민한 피부라면 트러블을 일으킬 수 있으므로 사용 후 씻어내거나 피하는 것이 좋다.

씻어내지 않으면 문제가 될 수 있는 성분
소듐라우릴설페이트, 소듐라우레스설페이트, 소듐트라이데세스

설페이트, 다이소듐코코암포다이아세테이트

3단계, 300ml 기준 2만 원 이하의 제품을 고른다

라프레리의 '셀룰러 클렌징 워터 페이스/아이즈'는 150ml 용량에 가격이 95달러나 한다. 성분표를 보면 평범한 용제와 실리콘오일, 순한 계면활성제가 들어 있다. 그런데 식물추출물의 급이 다르다. 흑삼추출물, 쇠뜨기추출물, 부들레야추출물, 타임꽃/잎추출물 등 귀하고 이국적인 것들로 가득하다. 또 피부 건강에 도움이 되는 소듐하이알루로네이트, 살리실릭애씨드, 판테놀 등도 들어 있다.

하지만 이런 좋은 성분을 감안한다 해도 95달러라는 비싼 가격은 설명이 되지 않는다. 이런 성분이 들어 있다고 화장이 더 잘 지워지는 것도 아니다. 사용된 용제와 오일, 계면활성제가 똑같기 때문에 여느 제품과도 비슷하다.

클렌징 워터와 미셀라 클렌징 워터는 사용 후 물로 씻어내지 않고 피부에 남는 제품이기 때문에 좋은 성분이 많이 들어갈수록 좋다고 생각할 수도 있다. 하지만 피부에 남는 양은 얼마 안 되고 대부분은 화장솜에 묻혀 메이크업과 노폐물을 닦아내는 데 쓰인다. 이런 제품에 고가의 안티에이징 성분을 넣는 것은 비용의 낭비이자 자원의 낭비다.

안티에이징 성분은 토너, 로션, 에센스를 통해 얼마든지 바를 수 있다. 굳이 클렌징 워터나 미셀라 클렌징 워터에 넣을 필요가 없다.

거품을 빼고 필요한 것만 넣은 이 품목의 합리적인 가격은 얼마일까? 시장에서 형성된 가격을 볼 때 300ml 기준 2만 원 이하가 적당하다. 제품 간 성능의 차이가 크지 않으므로 1만 원 미만의 저렴한 제품을 사용해도 화장만 잘 지워진다면 아무 문제가 없다.

합리적인 가격의 클렌징 워터, 미셀라 클렌징 워터의 성분표

뷰티레시피 리틀 머메이드 디스 이즈 프린세스 클렌징 워터

용량·가격 500ml · 24,000원

성분 녹차추출물, 부틸렌글라이콜, 폴리글리세릴-4카프레이트, 1,2-헥산다이올, 알란토인, 스쿠알란, 병풀추출물 등

이니스프리 블루베리 리밸런싱 클렌징 워터

용량·가격 200ml · 8,000원

성분 정제수, 다이프로필렌글라이콜, 프로판다이올, 1,2-헥산다이올, 로우스위트블루베리추출물, C12-14파레스-12 등

바이빠세 미셀라 솔루션 클렌징 워터

용량·가격	500ml · 9,900원
성분	정제수, 글리세린, 피이지-6카프릴릭/카프릭글리세라이즈, 프로필렌글라이콜, 다이소듐코코암포다이아세테이트, 폴리아미노프로필바이구아나이드 등

센카 올 클리어 워터 미셀라 포퓰러 프레시

용량·가격	230ml · 12,000원
성분	정제수, 다이프로필렌글라이콜, 피이지-8, 글리세린, 페녹시에탄올, 피이지/피피지-50/40다이메틸에터 등

13 "세안제의 종류와 세안 방법이 안면 피부의 클렌징 효과와
유·수분에 미치는 영향", 강다인, 건국대학교 산업대학원
향장학과, 2015.

14 "성인 여드름 피부의 자외선차단제 사용 실태 및 물리적
자외선차단제의 세안 방법에 따른 세정력 비교 연구",
정인, 건국대학교 산업대학원 향장학과, 2013.
"자외선차단제품의 사용 실태 및 세안 방법에 관한
연구", 박지윤, 중앙대학교 의약식품대학원 의약식품학과,
2010.

15 "각질세포에 대한 비누의 작용 방식: 형광분광법을 이용한
시험관 연구", 무커지 S. 외, 〈Jouranl of the Society of
Cosmetics Chemistry〉, 1995년 11/12월호.
"pH로 인한 각질층 기능의 변화", 립스 A 외, 〈International
Journal of Cosmetics Science〉, 2003년 6월호.
"표피 장벽의 기능에 비누와 세정제가 미치는 영향",
울프 R 외, 〈Clinics in Dermatology〉, 2012년 5~6월호.

16 "소듐라우릴설페이트와 암모늄라우릴설페이트에 대한
최종 리포트", 화장품성분검토회, 〈International Journal of
Toxicology〉, 1983.

17 "화장품 속 1,4-디옥산 : 제조과정의 부산물",
미국 식품의약국 홈페이지 *www.fda.gov/cosmetics/potential-
contaminants-cosmetics/14-dioxane-cosmetics-manufacturing-*

byproduct, 2019.

18 '화장품 안전기준 등에 관한 규정', [별표 2] 사용상의 제한이 필요한 원료 19, 20.

19 "화장품 중 트리클로산 위해평가", 식품의약품안전처 식품의약품안전평가원, 2017.

부록 :

약국 연고 활용하기

과거에는 약은 약이고 화장품은 화장품이었다. 그러나 이제는 다르다. 성분에 대한 지식이 널리 알려지면서 약과 화장품의 경계가 허물어졌다. 성분만 잘 확인된다면 약국에서 파는 연고를 피부 관리에 이용할 수 있다.

화장품처럼 이용할 수 있는 약국 연고는 주로 화장품과 다를 바 없는 보습, 피부장벽 강화, 항산화 효과가 있는 연고다. 더 나아가 화장품보다 좀더 강력한 각질 제거, 주름 개선, 미백 효과가 있는 제품이 있다. 상처 회복, 흉터 완화에 도움이 되는 연고도 있다. 처방전 없이 살 수 있는 약(의약외품, 의료기기, 일반의약품)도 있고 반드시 처방전을 받아야 구입할 수 있는 약(전문의약품)도 있다. 의약외품과 의료기기는 인터넷으로도 구입이 가능하다.

약국연고의 장점은 피부질환의 회복을 위해 만들어진 만큼 효능 성분 이외에는 모든 성분이 저자극이라는 것이다. 주로 미네랄오일, 바셀린, 글리세린, 실리콘오일 등의 순한 베이스를 사용하며 대부분 무향이다. 하지만 이러한 장점이 단점이기도 하다. 즉, 효능 성분 이외에는 다른 항산화제, 진정제, 영양성분이 부족하다. 화장품처럼 날마다 얼굴에 바르는 용도로 만들어진 것이 아니라서 사용감과 마무리감도 좋지 않다. 결정적으로 고함량이거나 약리작용이 강한 성분을 바를 경우 부작용이 일어날 수 있다. 민감한 피부를 가진 사람은 조심해야 한다.

화장품처럼 활용할 수 있는 약국연고에는 어떤 제품이 있는지 용도별로 살펴보자.

약건성·초민감성 피부를 위한 연고

덱스판테놀 5% 연고

① 비판텐 연고 일반의약품 바이엘코리아
② 덱스놀 연고 일반의약품 동국제약
③ 덱스파놀 연고 일반의약품 태극제약
④ 베나텐 연고 일반의약품 씨트리
⑤ 보드롤 연고 일반의약품 에이프로젠제약

기저귀 발진, 극심한 건조와 가려움증, 자극으로 붉어진 피부, 이로 인한 상처, 염증, 습진 등을 치료하는 연고다. 화장품에 흔히 쓰이는 보습제인 프로비타민B5, 즉 판테놀(덱스판테놀)이 효능 성분으로 5% 들어 있다. 특별한 약리작용이 있는 것이 아니라 뛰어난 보습 효과로 피부를 진정시키고 상처 회복을 돕는다. 피부가 심하게 건조한 사람, 무엇을 발라도 자극을 느끼는 예민한 사람에게 아침저녁 바르는 모이스처라이저의 역할을 할 수 있다. 화장품 중에는 '보타닉힐보 더마 인텐시브 판테놀 크림', '닥터벨머 데일리 리페어 판테놀 수딩 젤 크림', '앤서나인틴 시카 판테놀 크림', '시드물 D-판테놀 장벽 크림' 등이 비슷하다.

세라마이드 연고

① 에피세람 의료기기 한국벡스팜제약
② (해외) 세라비 힐링 오인트먼트 CeraVe Healing Ointment
일반의약품 밸린트제약

세포 간 지질에 존재하는 세라마이드, 지방산, 콜레스테롤을 황금비율로 배합한 제품이다. 이 밖에도 글리세린, 스쿠알렌, 리롤레익애씨드 등 여러 피부 구성 성분을 넣어 피부장벽을 강화해준다. 건조하게 갈라지는 피부, 매우 예민한 피부, 아토피 등을 진정시키는 데 도움이 된다. 화장품에서도 흔히 볼 수 있는 성분 구성이므로 건성 피부의 모이스처라이저로 무난하게 사용할 수 있다. 화장품으로는

'RNW 더 스페셜 세라마이드 크림', '차앤박 아토솔루션 씨원 베리어 크림', '앰플엔 세라마이드샷 크림' 등이 성분이 비슷하다. 에피세람은 병원에서 처방을 받아 구입하면 실비보험 처리가 가능하다.

피부 구성 성분 연고

① 제로이드 인텐시브 크림 MD 의료기기 네오팜
② 제로이드 인텐시브 로션 MD 의료기기 네오팜
③ 에스트라 크림 MD 의료기기 에스트라
④ 아토베리어 로션 MD 의료기기 에스트라

각질세포에 존재하는 천연보습인자와 세포 간 지질의 성분을 배합해 자극으로부터 피부를 보호하고 손상된 부위의 회복을 돕는 제품들이다. 아토피 환자들을 위한 비스테로이드계 치료제로 널리 사용된다. 글리세린, 글리세롤, 소듐하이알루로네이트, 스테아릭애씨드, 팔미틱애씨드, 세라마이드, 콜레스테롤, 스쿠알란 등으로 구성된다. 화장품에서도 흔히 볼 수 있는 성분 구성이다. 병원에서 처방을 받아 구입하면 실비보험으로 처리할 수 있다. 성분 구성이 비슷한 화장품으로 '이솔 스킨 베리어 리포좀 크림', '게리송 리얼 스킨 베리어 멀티 밤' 등이 있다.

센텔라아시아티카 정량 추출물 1% 연고

① 센텔레이즈 연고 의약외품 태극제약
② 마데카솔 연고 의약외품 동국제약

센텔라아시아티카는 그 유명한 병풀추출물을 뜻한다. 이 성분은 네오마이신황산염이나 히드로코르티손아세테이트와 함께 배합되어 상처의 회복을 돕고 세균 감염을 억제하는 의약품 연고로 줄곧 쓰여왔다. 우리가 잘 아는 '복합마데카솔연고'가 대표적이다.

최근 몇 년 사이 센텔라아시아티카를 단독 유효성분으로 해서 의약외품으로 승인받은 제품이 부쩍 늘었다. 약리작용을 하는 성분이 없고 페트롤라툼, 미네랄오일 등 매우 순한 베이스로 만들어졌기 때문에 민감성 피부용 모이스처라이저로 사용할 수 있다. 그러나 화장품으로 개발된 것이 아니라서 성분의 균형도 잡혀 있지 않고 사용감도 떨어진다.

오히려 화장품에는 병풀추출물의 함량이 더 높을 뿐

만 아니라 그 핵심 성분인 마데카소사이드를 추가로 넣고 다른 항산화 성분과 진정 성분도 함께 배합된 제품이 많기 때문에 효과가 더 좋다. '센텔리안24 마데카 크림 파워 부스팅 포뮬러', '토리든 셀메이징 센텔라리얼 로션', '시드물 센텔라 에센셜', '어퓨 마데카소사이드 크림', '미샤 니어스킨 파데카놀 크림' 등이 대표적이다.

산화아연 연고

① 그린 칼라민 로오숀 의약외품 그린제약
② 보소미연고 의약외품 동구바이오제약
③ 삼남 칼라민 로션 의약외품 삼남제약
④ 성광 칼라민 로오션 의약외품 성광제약
⑤ (해외) 데시틴 다이아퍼 래시 크림 13%, 40%
    Desitin Diaper Rash Cream   일반의약품 존슨&존슨

산화아연은 화장품에서 무기 자외선 차단 성분으로 잘 알려진 징크옥사이드다. 징크옥사이드는 흰색 색소로도 사용되는 불투명화제이기 때문에 피부를 잘 덮어 자극으로부터 보호하는 효과가 있다. 그래서 가장 효과가 빠른 기저

귀 발진 치료제로 알려져 있다. 꾸덕꾸덕하고 백탁이 심하기 때문에 일상용 모이스처라이저로는 부적합하다. 그러나 피부가 매우 예민한 상태일 때, 알레르기나 접촉피부염이 일어났을 때, 하루 이틀 피부를 보호하기 위한 용도로 사용해볼 수 있다. 국내에서 의약외품으로 승인받은 연고에는 보통 8%의 산화아연과 함께 칼라민 8%가 들어 있다. 칼라민은 산화아연에 0.5%의 페릭옥사이드(적색산화철)가 첨가된 것이므로 결과적으로 약 16%의 산화아연이 들어 있는 셈이다. 해외에서는 10~40% 제품이 유통되고 있다.

미백에 도움을 주는 연고

히드로퀴논 크림

① 도미나 크림 2%, 4% 일반의약품 태극제약
② 네오퀸 크림 2%, 4% 일반의약품 나노팜
③ 멜라큐 크림 4% 일반의약품 동국제약
④ 루스트라 크림 4% 일반의약품 한국콜마
⑤ 멜라논 크림 전문의약품 한국콜마
⑥ 네오미나 크림 전문의약품 태극제약

히드로퀴논은 미백 효과가 가장 뛰어난 물질로 알려져 있다. 그러나 발암 논란이 있어 한국과 유럽에서는 화장품 배합 금지 성분으로 지정되어 있다. 대신에 약국에서는 2~4% 함량 제품을 처방전 없이 살 수 있고 의사의 처방하에 4~5% 제품도 살 수 있다. 처방전이 있어야 하는 4~5% 제품에는 히드로퀴논 외에도 트레티노인과 스테로이드 호르몬제인 히드로코르티손이 함께 들어 있다. 트레티노인은 상피세포의 분화를 촉진하고 히드로코르티손은 항염 작용을 해서 미백 효과를 극대화시킨다. 피부 자극을 동반할 수 있으므로 낮은 함량부터 신중하게 접근해야 하며 장기적인 사용은 반드시 의사나 약사의 지도를 받아야 한다.

주름 개선에 도움을 주는 연고

트레티노인 연고

① 레타크닐 크림 0.025%, 0.05% 전문의약품 갈더마코리아
② 스티바에이 크림 0.01%, 0.025%, 0.05%, 0.1%
전문의약품 글락소스미스클라인

③ 이크림 0.01%, 0.025%, 0.05% 전문의약품 한국콜마

④ 프로좀에이 크림 0.025%, 0.05% 전문의약품 나노팜

트레티노인은 비타민A 유도체인 레티노이드의 한 종류다. 각질층 탈락을 촉진해 모낭의 환경을 개선하는 효과 때문에 여드름 치료제로 개발되었다. 이후 사용자들을 통해 주름과 잡티를 제거하는 효과로 널리 알려지게 되었다. 자극이 동반되기 때문에 반드시 의사와 상담하고 저함량부터 차근히 시도해야 한다. 화장품에 사용되는 레티놀은 트레티노인의 먼 친척으로 효과는 훨씬 낮지만 자극은 덜하다.

아다팔렌 연고

① 동구아다팔렌 겔 전문의약품 동구바이오제약

② 디팔렌 겔 전문의약품 한국콜마

③ 디페린 겔 0.1%, 크림 0.1% 전문의약품 갈더마코리아

④ 아크렌 겔 전문의약품 제이더블유신약

⑤ 아클리어 겔 전문의약품 한올바이오파마

⑥ (해외) 디페린 겔Differin Gel 0.1% 일반의약품 갈더마

⑦ (해외) 프로액티브 MDProactive MD 일반의약품 프로액티브

⑧ (해외) 에파클라르 아다펠렌 겔 0.1% 애크니 트리트먼트Effaclar Adapalene Gel 0.1% Acne Treatment

일반의약품 라로슈포제

아다팔렌도 트레티노인과 마찬가지로 레티노이드의 일종이다. 효과는 비슷하면서 자극은 덜하다는 것이 장점이다. 이 역시 여드름 치료제로 쓰이다가 미백, 주름 개선 용도로 범위를 넓혔다.

아다펠란 0.1%는 미국에서 2016년부터 일반의약품 승인이 가능해졌다. 아마존에서 처방전 없이 구입할 수 있는 제품이 몇 가지 있다. 그러나 아무리 자극을 줄였다 해도 화장품의 범위를 넘어서는 효과가 있으므로 의사와 약사의 지도 아래 신중하게 시도하는 것이 바람직하다.

각질 제거에 도움을 주는 연고

살리실산 외용제

① 로사겔 2% 일반의약품 태극제약

② 클리어틴 외용액 2% 일반의약품 한독

③ 클리톡 외용액 2% 일반의약품 부광약품

④ 유클리어톡외용액 일반의약품 유유제약

살리실산(살리실릭애씨드)은 화장품 성분으로 0.5%까지만 허용되기 때문에 그 이상을 원한다면 약국에서 판매하는 여드름 외용제를 시도해볼 수 있다. 여드름 부위에만 바르는 국소용 치료제지만 얼굴 전체에 펴 발라 피지와 각질을 다스리는 화장품처럼 이용할 수 있다.

다만 대부분 2%라서 화장품처럼 쓰기에는 함량이 높은 편이다. AHA나 BHA 화장품에 섞어 바르면 pH를 유지하면서 함량을 낮출 수 있다.

아젤라산 외용제

① 아젤리아크림 일반의약품 바이엘코리아

② (해외) 멜라제팜Melazepam 일반의약품 에콜로지컬포뮬라

③ (해외) 아젤렉스Azelex 20% 크림 전문의약품 엘러간

④ (해외) 피나시아Finacea 겔 15% 전문의약품 바이엘

아젤라산(아젤라익애씨드) 외용제는 원래 주사rosacea 치료제로 개발되었는데 이후 여드름 치료제로도 활용되고 있다. 또한 각질 제거와 함께 항산화, 진정, 미백 효과까지 있어 안티에이징 성분으로도 조명을 받고 있다.

안타깝게도 화장품에는 배합이 금지되었기 때문에 약국 제품을 이용해야 한다. 다만 약국 제품은 함량이 20%에 이르러서 단독으로 바르기에는 자극이 우려된다. pH 변화에 민감하지 않으므로 다른 모이스처라이저에 혼합해 함량을 대폭 낮춰서 발라야 한다.

흉터 회복에 도움을 주는 연고

넓고 깊은 상처, 수술로 봉합한 상처는 회복하는 과정에서 콜라겐 섬유가 과하게 생성되어 붉게 솟아오를 수 있다. 그대로 두면 눈에 띄는 흉터가 된다. 회복 단계에서부터 콜라겐의 과잉 증식을 막을 수 있다면 흉터를 최소화할 수 있다. 다음의 두 가지 종류의 제품으로 가능하다.

실리콘 성분 겔

① 더마틱스 울트라 의료기기 한국메나리니
② 켈로코트 의료기기 세종메딕스

여러 종류의 실리콘 성분이 피부에 얇은 막을 형성해 물리적으로 피부를 밀폐시키는 원리다. 실리콘 막이 수분 증발을 차단하고 피부를 평평하게 눌러주는 효과가 있어서 콜라겐 과잉 생성을 막아준다. 사용되는 실리콘 성분은 사이클로펜타실록세인, 페닐트리메티콘, 폴리실리콘-11, 다이메티콘, 폴리메틸실세스퀴옥세인, 폴리실록세인, 실리콘다이옥사이드 등이다. 상처가 아문 직후부터 바르는 것이 가장 효과가 좋지만 2년이 넘지 않은 흉터에도 효과가 있다.

작은 찰과상, 얇게 베인 상처는 흉터 없이 저절로 아물기 때문에 굳이 이런 제품을 사용할 필요가 없다. 또한 여드름 흉터, 오목한 흉터에는 효과가 없다. 여드름, 아토피, 접촉피부염 등 염증이 난 부위에 바르면 오히려 회복을 방해하므로 이런 부위에는 절대 사용하지 말아야 한다.

헤파린나트륨 겔

① 콘투락투벡스 겔 일반의약품 멀츠아시아퍼시픽피티이엘티디

② 벤트락스 겔 일반의약품 태극제약

③ 더마클리어 겔 일반의약품 고려제약

④ 노스카나 겔 일반의약품 동아제약

⑤ 복합덱스 겔 일반의약품 오스틴제약

⑥ 스카덤 겔 일반의약품 신신제약

⑦ 스카힐 겔 일반의약품 녹십자

   실리콘 겔이 물리적으로 흉터를 밀폐해서 효과를 내는 것과 달리 헤파린나트륨 겔은 성분의 약리작용으로 흉터를 억제한다. 헤파린은 콜라겐의 구조를 느슨하게 해서 흉터 조직을 촉촉하게 유지시키는 성분이다. 여기에 양파추출물이나 덱스판테놀 같은 항염 성분, 재생을 촉진하는 성분을 추가하고 자극을 완화하는 알란토인을 넣었다. 수술 흉터, 화상 흉터, 특히 제왕절개 흉터에 좋은 효과를 보인다.

서른다섯, 다시 화장품 사러 갑니다

안티에이징부터 약국 연고까지, 나에게 꼭 맞는 제품을 고르는 기술

초판 1쇄 2020년 3월 27일	**펴낸이** 김한청
2쇄 2020년 8월 20일	**기획편집** 원경은 이한경 박윤아 이건진 차언조
	마케팅 최원준 최지애 설채린
지은이 최지현	**디자인** 이성아

펴낸곳 도서출판 다른
출판등록 2004년 9월 2일 제2013-000194호
주소 서울시 마포구 동교로27길 3-12 N빌딩 2층
전화 02.3143.6478 **팩스** 02.3143.6479
이메일 khc15968@hanmail.net
블로그 blog.naver.com/darun_pub
페이스북 /darunpublishers
인스타그램 edit_darunpub

ISBN 979-11-5633-258-9 13430

에디트는 도서출판 다른의 브랜드입니다.
잘못 만들어진 책은 구입하신 곳에서 바꿔 드립니다.
이 책은 저작권법에 의해 보호를 받는 저작물이므로,
서면을 통한 출판권자의 허락 없이
내용의 전부 혹은 일부를 사용할 수 없습니다.